谨以此书献给所有不甘于平凡的人

你可以不主动去帮助别人，但是别人请求你帮助的时候，只要你能尽力的，请尽力！不要让请求帮助的那个人对这个世界失望。他也会感激你的。

诚实守信，拉近自己与成功的距离！

员工诚实守信

教育读本

刘证兵◎编著

人无诚信不立，家无诚信不和
业无诚信不兴，国无诚信不宁

中国言实出版社

图书在版编目(CIP)数据

员工诚实守信教育读本/刘延兵编著.
—北京:中国言实出版社,2011.2
ISBN 978-7-80250-389-2

Ⅰ.①员…
Ⅱ.①刘…
Ⅲ.①职业道德—通俗读物
Ⅳ.①B822.9-49

中国版本图书馆 CIP 数据核字(2010)第 213306 号

出版发行 中国言实出版社
地　址:北京市朝阳区北苑路 180 号加利大厦 5 号楼 105 室
邮　编:100101
电　话:64924716(发行部)　64963101(邮　购)
　　　64924880(总编室)　64914138(四编部)
网　址:www.zgyscbs.cn
E-mail:zgyscbs@263.net
经　　销 新华书店
印　　刷 北京毅峰迅捷印刷有限公司
版　　次 2011 年 3 月第 1 版　2011 年 3 月第 1 次印刷
规　　格 710 毫米×1000 毫米　1/16　14 印张
字　　数 180 千字
定　　价 32.00 元　ISBN 978-7-80250-389-2/B·254

前言

Preface

自古以来，诚信就是我国的传统美德。翻开尘封的历史，我们不难发现像“尾生抱柱”、“季布一诺值千金”、“曾子杀猪不欺幼子”这样的典故，以及“人无信不立”、“君子养心莫善于诚”、“志不强者智不达，言不信者行不果”等古训。

“人无信不立，业无信不兴”，诚信不仅是一种名誉、一种品质，更是一个人的安身立命之本。尤其是对于职场的人来说，诚信不仅是一张名片，也是员工立足职场的根本，更是驰骋职场的有力武器。在一次记者招待会上有位记者问李嘉诚：“你是如何用人的？”李嘉诚回答道：“看他的忠诚度、可靠度。忠诚、可靠的人，就是品德好的人。我主张用品德好的人！”

可见，诚信是一个员工的最佳名片，只有具备了诚信，才能赢得公司领导的青睐，进而创造出傲人的业绩和灿烂的辉煌。

成功是我们每一个人的愿望，无论是谁都希望在自己的工作上创造出辉煌。但是通往成功的秘诀却不是每一个人都知道的。如今，在职场中，不诚信的人、行为比比皆是，学历造假、出卖公司……已经成为公司领导最为烦恼和头疼的事情了。2007 年 7 月，世界著名酒店管理公司美国洲际酒店集团亚太地区的首席执行官帕特克里·巴德利就因为履历造假而被解雇。公司对于这一事件特意发表声明说：“公司对以前帕特克里·巴德利递交的学历进行了审查。巴德利先生称自己取得了 3 所大学的学位，但实际上只是上了几堂课，没有从学校毕业。我们认为，巴德利先生不诚信,有违公司的道德准则!”

的确如此,对于职场员工来说,诚信是立足之本,拥有了诚信,才能在公司立足,才有发展的机会;否则,离开了诚信,一切美好的愿望都将成为泡影!

职场,是人们的奋斗场所,是一个人实现自己梦想的地方。当你踏入这片土地之后,诚信就是你拼搏的法宝。它是一个人最宝贵的财产,也是一种永恒的力量。身在职场的人,无论是处在顺境还是逆境当中,只要能够坚守诚信,就一定能乘风破浪,实现自己的职业理想。

阿里巴巴创始人马云毕业于杭州师范学院英语系。一般来说,师范院校都是为中学培养教师的,但是由于马云在校期间非常优秀,学校决定破例将马云分配到一个大学做老师,这在杭州师院的历史上还是第一次。就在马云即将去工作的时候,校长要求他至少在那个学校待五年,否则以后的师弟师妹再也没有机会到大学去任教了。

马云答应了校长的要求,就开始了自己的老师生涯。在他做教师的第一年,每个月的工资仅仅是 89 元,而此时如果去广东做翻译的话,每个月则是 1000 元,但是马云为了信守校长的诺言,没有离开。后来,当马云的工资涨到 120 元的时候,做翻译已经是 3600 元,但仍然没到五年的时间。就这样,为了信守诺言,马云一直在学校待了 6 年,并且教出了一大批优秀的学生,而他自己也被该大学评为十大优秀青年教师之一。

诚信是职场人士走向成功的助推器,只要拥有了诚信,时刻保持清醒的头脑,面对再大的诱惑,也能恪守诺言、坚守诚信,才能赢得公司的重用,进而成就事业,实现自己的人生梦想;相反则会使人陷入职场漩涡之中,寸步难行,还有可能被公司辞退。这样不讲信用的员工,即便拥有远大的抱负、过人的能力,也无法成就事业,实现自己的人生价值。

因此,只有每个人将诚信作为自己的做人标准,在工作中时刻坚守诚信,才能笑傲职场,走向最终的胜利。

目 录
Contents

第一章 诚实守信是最重要的品德

孟子认为："诚者，天之道也；思诚者，人之道也。至诚而不动者，未之有也；不诚，未有能动者也。"在此，孟子告诉我们，"诚"是顺应天道与人道的基本法则。并将诚信和"父子有亲，君臣有义，夫妇有别，长幼有序"并列为"五伦"，成为中国封建社会道德评价的基本标准和伦理规范。

第二章 职场有浅滩，诚信是通行证

步入职场之后，每一位员工都希望成为最优秀的员工，其秘笈就是——诚信。诚信是员工的立足之本，讲诚信的员工才是最受老板欢迎的员工。只要坚守诚信，就一定能够顺利地通过职场浅滩。

第三章 职场多坎坷，诚实为你铺路

职场道路崎岖坎坷、风雨交加，难免会受到打击。但是，只要恪守诚信，就一定能够走向胜利的彼岸。正在职场中挣扎的人，不妨用诚信为我们保驾护航，让诚信引导我们一路走向辉煌。

第四章 笑傲职场，诚信铸就威严

诚信胜于一切，没有诚信就没有尊严，没有诚信就不会走向事业的巅峰。人生的奋斗之路，离不开诚信的协助，只有拥有诚信，才能创造出灿烂的明天，登上事业的顶峰，笑傲职场。

第五章 恪守诺言，实践诺言

巴尔扎克曾说过："恪守诺言就像保卫你的荣誉一样。"一句话足以道明了恪守诺言的重要性。同样在我们中国也有"一诺千金"的说法，许下的诺言就一定要实践。因此，无论何时何地，我们都必须做一个言出必行的诚信之人。

第六章 忠诚与诚实守信是双胞胎

程颐曾说过："人无忠信，不可立于世。"德国也有谚语道："一两重的忠诚，其值等于一吨重的聪明。"可见，忠诚是诚信的延伸，与诚信是双胞胎，两者同时常伴在我们的身边。作为一个职场人士，只有做到了无比的忠诚，才能更好地实践诚信，才能做一个更加优秀的员工。

第七章 人无诚不立，业无诚不旺

俗话说："人无诚信不立，家无诚信不和，业无诚信不兴，国无诚信不宁。"在竞争激烈的市场经济条件下，诚信已经成为一个企业不可或缺的无形资产，成为提升企业竞争力的关键所在，是企业可持续发展的根基之一。

第八章 人人都做诚信员工

诚信是中华民族的传统美德，是大自然赐予人类的宝贵财富。尤其是在当前的市场经济条件下，诚信是一种职业生存方式。只有人人都具备了诚信，才能赢得事业的辉煌！

附 录

第一章　诚实守信是最重要的品德

孟子认为："诚者，天之道也；思诚者，人之道也。至诚而不动者，未之有也；不诚，未有能动者也。"在此，孟子告诉我们，"诚"是顺应天道与人道的基本法则。并将诚信和"父子有亲，君臣有义，夫妇有别，长幼有序"并列为"五伦"，成为中国封建社会道德评价的基本标准和伦理规范。

1 源远流长的诚信美德

在中华五千年的历史发展中，虽然多种思想并存，但关于诚信，却是众口一词，成为共同的道德标准。并在此基础上，逐渐发展成了“以诚为本，以和为贵，以信为先”的诚信文化。

我国是个文明古国、礼仪之邦，素来讲究诚信。历代的君王圣贤无不推崇“言必信，行必果”的道德理念。可以说，诚信在中国有着悠久的历史，不仅是中华民族的传统美德，也是做人的基本准则和一个人最基本的道德品质。孔子早在《论语》中就提到：“子以四教：文、行、忠、信。”“吾日三省吾身，为人谋而不忠乎？与朋友交而不信乎……”可见，早在两千年前，诚信就备受推崇。

诚信不仅是一种美德，更是高尚品格的所在。孟子认为：“至诚而不动者，未之有也；不诚，未有能动者也。”荀子认为“养心莫善于诚”；墨子也认为：“志不强者智不达，言不信者行不果。”可见，在整个古代社会，诚信一直被圣贤推崇为崇高的美德。他们认为，诚信是一种每个人都应该具有的高尚品德，人只有讲究诚信，才能在社会中立足，进而赢得人们的尊重；否则，就会尊严扫地，在生活中也寸步难行，处处遭遇障碍。正可谓：“车无辕不行，人无信不立。”

中华民族是一个十分讲究信用的民族，诚信在中国可谓是源远流长。从古至今，诚信一直滋润着人们的心灵，塑造着完美的人生。

早在《庄子·盗跖》中就记载了一个重诺言、讲诚信的故事。据书中记载：“尾生与女子期于梁下，女子不来，水至不去，抱梁柱而死。”意思是说，在古代，有一位名叫尾生的青年，他与一女子相爱。一日，两人相约在某桥下相会。就在他等待的时候，不料，恰遇泛潮，江水上涨，而那女子却仍没有到。尾生却始终坚守诺言，抱着桥柱不放，最后被江水淹死。

尾生虽死，但是他重诺言、讲诚信的美德却被后人流传下来。此后，“尾生抱柱”或“柱下期信”便被后人作为守信的代词。

在古代，有一个名叫孟信的人，由于得罪了朝廷被罢免回乡。此后，家中十分贫穷，甚至连吃饭的米都没有了。一天，家人趁孟信外出把家里仅有的一头病牛卖了，换得粮食度日。孟信回来后发现病牛被卖了，不仅把家人骂了一顿，还找到买牛的人，并把事情告诉了人家。

诚实守信的孟信，虽然生活贫穷，但仍然“贫贱不移”，坚守诚信。信用是人的安身立命之本，只有拥有了诚信，才能够成就人生，进而取得人生的辉煌。从古至今，试问有多少人因为诚信而铸就了人生的辉煌，又有多少人因为失信而丧失了尊严，甚至生命。

想必大家一定还记得喜欢玩“狼来了”游戏的周幽王。周幽王为博爱妃褒姒一笑，竟然点燃烽火，戏耍诸侯。虽然博得爱妃一笑，但最终由于失信于诸侯，在战争中丧失生命。

相比之下，北宋词人晏殊，因为诚信而铸就了人生的辉煌事业。他 14 岁的时候，便被人作为神童举荐给皇上。皇帝召见了他，并要他与 1000 多名进士同时参加考试。在考试的时候，晏殊发现考题竟是自己 10 天前刚练习过的。于是，他如实向皇帝报告，并请求改换其他题目。他的这一诚实举动，深深打动了皇帝，并被赐为“同进士出身”。在他当值之后，晏殊依然恪守诚信的品质。那时，正值天下太平，京城的大小官员便经常到郊外游玩或在城内的酒楼茶馆举行各种宴会，晏殊因为家中贫穷，无钱出去吃喝玩乐，只好在家里和兄弟们读写文章。有一天，皇帝因为“群臣游玩饮宴，晏殊却闭门读书”的理由，将晏殊提拔为辅佐太子读书的东宫官。而晏殊谢恩之后，却向皇帝道明：“我其实也是个喜欢游玩饮宴的人，只是家贫而已。若我有钱，也早就参与宴游了。”他的这一解释，不但没有惹恼皇帝，反而使皇帝更加信任他。

随着岁月的流逝，诚信在历史的长河中走到了今天。尽管道路曲折，几经坎坷，但是诚信却愈久弥新、大放异彩。在当前社会，诚信不仅是衡量一个人的标准，也是成功的“路标”。

然而，在社会经济高速发展的今天，许多人在外来文化、观念的影响下，价值观出现偏移，他们错误地认为，诚信的时代已经成为“历史”，从而导致自己人生的道路上留下一笔笔失败的印记。大量的事实证明，诚信不仅有着悠久的历史，而且还将永远流淌在社会中，滋润着人们的心灵，引导人们走向光明的未来。

2 诚信就是最重要的品格

中国人说“诚，五常之本，百行之源也”；美国人说“诚实是格言的第一章”；欧洲格言是“失去了信用的人，就再没什么可失去的了”。可见，诚信自古至今就是人类社会推崇的品格。它穿越时空，跨越国界，悄然渗透在每个领域、每个人心中，成为衡量一个人品德的重要标准。

诚信是一个人最重要的品格，有人将其比作为“人类的灵魂”，也有人赞誉“诚信的好品行抵得上一大堆学问”……对于一个人来说，不论如何平凡，即便是没有金钱、财产、权势，但只要拥有诚信，就拥有了人类最高尚的品质。

古时候，有一位国王没有子女，为了寻找能继承自己皇位的人，他吩咐自己的下属将一袋花种发给自己国家的每一位小孩，并对他们说：“谁能用我发的花种种出最美丽的花，谁就是我皇位的继承人。”孩子们听了国王的话之后都兴高采烈地回家去了，在家他们都将花种种在花盆里，其中一个小孩将花种在花盆之后，每天都按时给花浇水，施肥，但是就是不见种子发芽。而其他孩子发现种子不发芽之后，就替换成别的花种了。时间过得很快，国王来检查孩子们的花了，所有的孩子都端着美丽的花，只有一个孩子是端着一盆土。最终，国王将那个端着一盆土的孩子接进宫里，让他成为自己皇位的继承人。别的小孩子都对此很不解："我们的鲜花那么漂亮不选我们，当时不是说谁的鲜花漂亮就选谁的吗？为什么现在要选一个没有鲜花只有土的孩子呢？"国王回答道："我发给你们的花种都是煮过的，根本就无法开花，而你们都端着鲜花，你们说我是不是应该选择这个诚实的孩子啊？"

看完这个故事，相信很多人都会喜欢上那个诚实的孩子，从他身上，我们似乎看到了一种闪耀的光芒——诚信。

在当前职场中，一部分员工经不起诱惑，丢掉了诚信。这种丧失诚信的人，即便是获得一时的荣耀，最终还是会遭到世人唾弃；相反，那些拥有诚信品格的员工，不论其如何平凡，终究会赢得领导的重用。

那么，这一部分员工为什么会失去自己最宝贵的品格呢？一个最重要的原因就是，他们在刚开始撒谎时，没有人将其揭穿。在这种情况下，他们的虚荣心得到了一次次的满足。当他们逐渐尝到了撒谎的"甜头"之后，"诚信"这一品格便被他们抛到九霄云外了。

老李是一家汽车维修店的员工，因为老板需要经常出差，店里的很多事情都由老李亲自处理。一天，他的店里来了一位年轻人，自称是某运输公司的汽车司机。买过老李店里的零件之后，对老李说道："给我的账单上多写一些零件，我回去好报销，以后咱们再合作，报销的钱，会分你一半的。"听完年轻人的话，老李犹豫了片刻说道："这样是欺骗你的公司，恐怕不太好吧！"这时，年轻人继续说道："我们的运输公司有很多汽车，到时候我还会推荐我的同事和朋友来你的店里修车，这样你肯定能赚很多钱的。"一听到可以赚更多的钱，老李就心动了，心想："我在这里这么辛苦，工资却非常低。如果能接这样一笔大生意，自己的经济状况就会得到很大的改善。况且这也不损害自己公司的利益，即便是老板知道了，也不会为难自己。"于是，老李就爽快地答应了年轻人的要求。

事后,老李一直期盼着自己的大生意。然而,他等了一天又一天……一个多月过去了,老李始终没有看见那位年轻人,更不用说他推荐的同事了。老李非常疑惑,心想:"到手的生意怎么突然之间就没了音讯。"

两个月之后,老李终于看见那位年轻人了,老李高兴地上前迎接。孰料,年轻人转身去了隔壁的修车店。顿时,老李火冒三丈,决定去找年轻人理论。等他到了隔壁修车店之后,还没来得及开口,年轻人就解释到:"我是一家运输公司的老板,想找一家可靠地修车店长期合作,试了几家都觉得不可靠。终于我发现这家非常讲诚信,所以决定和他们长期合作。"

听完年轻人的解释,老李的发财梦也醒了,沮丧地回到自己的店铺。但是,没过几天,老李就遭到了老板的辞退。原因就是老板在听说这一消息之后,觉得老李这种人非常不诚实,将来还有可能会背叛自己的公司,于是,就将其辞退了。

面对诱惑,老李和他隔壁的同行做了不同的选择。老李向利益"投降",抛弃了人生中最重要的品格;而他隔壁的同行,却依然不忘诚信,坚守自己的品行。显而易见,不讲诚信的老李在同行面前,立即变得渺小起来。

由此可见,诚信早已经渗透在职场的各个领域中,成为衡量、评价员工品行的重要标准。在当前职场中,诚信已经成为美好品格的代名词,只有讲诚信的人才会受到领导的重用、赢得成功的青睐!

报纸上曾经有一篇文章,报到了一个关于诚信的真实故事:郑集是南京大学的一名老教授,在他100岁高龄的时候,还耳聪目明、身体硬朗。广大保健品厂商盯住了老先生的这一特点,纷纷邀请他给自己的产品做广告,并且给出了天价酬劳费。面对厂商的邀请,老教授毫不犹豫地拒绝了。他说:"我没有吃过什么补品、保养品,我活到这么大年纪与这些产品没有任何关系。

如果我替他们做代言，就是欺骗消费者的行为，是用自己的长寿去误导消费者，向消费者出卖了我的诚信，这是不能去做的事情。”

短短的一句话，老教授的高大形象已经跃然纸上。面对厂商的邀请和酬劳，老教授始终没有忘记做人的标准。而用自己的诚信打败了那些只看到自身利益、却不顾消费者利益的厂商。虽然这只是极为普通的做人原则，却折射出老教授的一种高尚品格——诚信。

正如古谚语所说“车无辕不行，人无信不立”，一个人只有具备了诚信的品格，才能立足于社会，才能获得人们的尊重，成为名副其实的君子；而那些在诱惑面前无力自拔、将诚信丢到脑后的人，最终也会受到诚信的惩罚。

诚信，是一个人的灵魂、最宝贵的品格。因此，无论在生活中，还是在工作中，我们每一个人都要时刻遵守这一原则，切不可随意抛弃自己最重要的品格！

3　做事先做人，诚信是根本

诚信一词由来已久，而随着经济社会的发展，人们对诚信的要求也越来越高。可以说，在当前社会，诚信已经成为人们在社会上的立足之本。

在几千年前，孔子就提出“民无信不立”，孟子也解释道：“言而有信，人无信而不交。”由此可见，诚信不仅仅是一种对别人的承诺，更是一个人在社会上安身立命的保障。

众所周知，诚信就是说实话、做实事、对自己说出去的话负责。它不仅是一种感情的传达，也是一个人人品与素质的外在表现，更是人们在社会交往过程中必须遵守的原则。在现实生活中，每一个人都不可避免地和别人相处，而在相处的过程中，要想获得别人的认可、信任，就必须将诚信作为自己活动的准则。尤其是作为一名职业人士，只有以诚信为准则，才能得到领导的重视、同事的信赖，才能成就自己的事业，实现多彩的人生！

芳芳是某外企的员工，“十一”期间由于种种原因需要加班，而公司在10月底已经将加班费发给芳芳了。但是在11月的工资单上又出现了“十一”期间的加班费。于是，芳芳就去问公司的会计和财务处。当她将这件事反映给有关的负责人之后，他们对此事的态度是，既然发了就拿着。但是，芳芳没有这样做，她将这件事反映给了自己的上司，并将钱退了回去。

面对芳芳的这一举动，领导在意外的同时也倍感欣慰。事后，经过财务处的仔细查询，最终弄清楚了事情的前因后果，原来是计算机系统出现了问题。

第二天在开会的时候，领导就当众表扬了芳芳这种诚实的做法。然而，同事们知道这件事后，并没有人赞同她。很多人都笑芳芳，说芳芳太傻了。而芳芳并没有把同事们笑她傻的话放在心里，只是笑一下就过去了。

两个月之后，芳芳的部门经理跳槽了，公司决定直接从本部门提拔一位员工来担任部门经理一职。部门中的员工在得到这一消息之后，都十分努力地表现自己，希望能够得到提拔。就在此时，人事部宣布芳芳将成为新上任的部门经理。

听到这个结果，很多同事都纷纷议论，表示对此不满。有人认为“芳芳并没有什么能力，而且才来公司一年，和我们这些资深的员工相比较……”也有人说：“她为什么运气总是那么好呢？上次就多发工资了，这次又升职了，我为什么就没有那么好的运气呢？真是不公平啊！”

公司的领导听到这样的议论之后，说：“芳芳之所以升职，并不是运气好，而是她很诚实，不会弄虚作假。这样的人不升职，那你们说什么样的人才应该升职啊？如果你们也像她一样，你们也会升职。”领导的一席话堵住了所有人的嘴，他们也终于明白了诚信不是“傻”。

正如古人所言,“人无信不立”,诚信不是傻,而是一个人在社会上立足的根本。尤其是在职场中,诚信是员工最基本的职业道德素质。纵观当前职场,凡是能够赢得领导青睐,得到领导重任的员工,都是讲诚信的人。

对于迈入职场的人来说,每一个员工都希望能够在公司站得住脚,并且不断得到领导的提拔。可以说,这种职业梦想人人皆有,然而通往成功的道路却不是人人皆知。

在一个知名企业的招聘现场,一个女孩站在门口犹豫,只见她一会儿看看招聘条件,一边上下打量着自己。犹豫了片刻,女孩终于迈进了公司的大门。她从前台拿了一份应聘表,小心翼翼地填着。当她看到身高的那一栏时,她毫不犹豫地写上了一米五九。这时,旁边有个人看到她填的表格,就忍不住问道:“难道你不知道这家公司的要求吗?必须要求在一米六以上。”女孩回答道:“我知道公司的要求,可是我的确只有一米五九啊。”“你可以写上一米六啊,反正就一厘米,根本看不出来。何况你现在还穿着高跟鞋,怎么也不会露馅的,这样才能为自己增加筹码啊!”

女孩笑了笑,直接走进办公室参加面试。面试官看到她的简历和所填的应聘资料后,微微一愣,马上笑着问道:“你为什么不说自己有一米六?这样,你才有可能进入到我们公司,你难道不怕因此被淘汰吗?”女孩回答说:“我的确希望自己能够通过面试,但是我确实只有一米五九,我不想为了一个工作说假话。况且我现在才刚刚十八周岁,我的身高并没有停止在原地,反而还在长。我也相信在试用期的两个月中,我一定能够再长一厘米的。”听到女孩的回答,面试官不由地笑了起来。接下来的面试,进行得非常顺利。到了最后的关头,女孩既期待又担心。就在此时,面试官向女孩伸出双手,说道:“欢迎你成为公司的一员。

我们非常欣赏你这种诚实的作风，希望你以后能够继续保持自己的优点！”

尽管女孩非常希望面试顺利通过，但仍然没有弄虚作假。也正是由于她的诚信，她才赢得了面试官的青睐。从中我们不难发现，诚信是一个人做人的根本，是一个人立足于社会上的不二法门。

诚信是根本，人若想立足于社会，若想成为一个德高望重的人，就必须加强学习诚信；而对于想成就事业的人来说，诚信就显得更为重要了，只有将诚信落实到工作的每一处，才能打开成功的大门，走向事业的巅峰。

4 一语既出，信者无敌

承诺，这是我们生活中最为熟悉的一个词。我们无时无刻都在向别人、向自己承诺，“您放心，我一定按时将工作完成！”“我下次一定不会再迟到！”“我一定会做得更好！”……然而，当承诺许下之后，很多人却不能将其实现。

相信很多人都曾说过这样的话：“一言既出，驷马难追”、“一言九鼎”等等。正如这两句成语所言，许下的承诺，就一定要实现。哪怕是历尽艰辛，也要为自己说出的话负责，也要实现诺言。

老刘是一个很普通的农民，没有太多的学识，甚至连自己的思想都无法完整地表达出来。但是，就是这样的一个人做出来的事却是能够打动人心的，他教给儿子的处事道理却是让儿子终身难忘的。

在老刘还年轻的时候，家里很穷。正在上小学的儿子有一天放学回家，对他说：“爸爸，这几天下了很大的雪，我的手都冻裂了，同学们都戴着手套去上学的，你也给我买一副吧？”老刘翻遍了自己衣服里所有的口袋，还是没有足够的钱帮儿子买手套，很伤心，但是儿子好像不懂事似的，一个劲地说要买手套的事。老刘只好对孩子说：“不要哭了，爸爸明天就给你买手套，明天一定给你买……”可是无论老刘怎么跟孩子说，孩子就是不相信，一直到天黑了儿子还是没有理睬老刘。

第二天，老刘一大早就出门了，直到天黑了才回来，一进门就递给儿子一副手套。之后就病倒了，连着好几天都不能起床。原来，老刘为了给儿子买手套，冒着大雪到冰窟窿里去摸鱼，然后拿到菜场去卖，才给儿子换回来了这副手套。儿子看见躺在床上的爸爸之后，仿佛一下子懂事了，眼泪都流出来了，而老刘安慰着孩子：“孩子，人活在社会上，就是要对自己说出的每一句话负责，说到就一定尽力地去做，只有这样，别人才会信任你……”

许下的承诺就一定要实现，言而有信是每一个人必须遵守的准则。一个普通的农民尚能如此，更何况是我们呢？在当今社会，无论是在生活中，还是在工作中，我们只有重视自己的诺言，讲究诚信，用实践将其实现，才能成为胜者！

尤其是对于职业人士来说，职场之路是漫长而坎坷的。如果想顺利地通过这条道路，并最终登上成功的巅峰，就唯有讲究诚信。可以说，诚信是你度过这条道路的最佳法宝。只有具备了诚信，及时实现自己的诺言，才能冲破种种阻碍，采撷到胜利的果实。

刘刚是一个刚刚毕业没多久的新人，虽然到公司仅仅半年，但是却得到经理的重用，不但升了职，薪水也翻了两倍。看到职场顺利的刘刚，很多人非常疑惑。那么，刘刚真的有什么特异功能吗？

当然不是，他之所以取得这样的成就，和自己的诚信态度有着莫大的联系。他刚进公司的时候，有一次，领导交给他一个非常重要的任务，并一再嘱咐道：“一定要按时完成，否则会给公司造成巨大的影响。”刘刚当场在经理面前立了军令状：“放心，我一定会完成的！”接到任务之后，刘刚一点儿也不敢怠慢，他一点点地找资料、归类、做报表……可是，他连续做了两天也没有一点儿进展。想想当时的承诺，刘刚又不得不继续撑下去。整整半个月，刘刚没有休息过一天，甚至经常通宵达旦地工作。在规定的前一天，刘刚终于将自己满意的结果交给了领导。

刘刚就是这样一个人，许下的承诺就一定要实现，不论其中会遇到什么样的困难。还有一次，临近下班的时候，公司中的一个顾客打来电话，说产品的质量出现了问题，希望公司尽快派个人去检查一下。刘刚把这一情况反映给经理之后，就主动承担起了这一工作，并向领导保证："今天一定完成任务！"

就在此时，突然下起了大雨。但是刘刚心中惦记着自己的承诺，依然决定去顾客家中。由于雨下得非常大，刘刚到了顾客家中已经晚上七点了，他不顾身上的雨水和汗水，马上帮助顾客检查……经过两个多小时的努力，刘刚才满意地离开了顾客家中。

在职场中，老板最欣赏的莫过于刘刚这样的员工了。在工作中，每一个人都会对老板许下承诺，但并不是每一个人都能将其顺利地实现。因此，在职场这条道路上，只有以诚信为行动准则，用自己的行动履行诺言，才能在竞争中脱颖而出。

老张在所住的小镇上开了一家现代化的24小时营业的便利店，为了让自己的生意更好，老张特意在小店的大厅里面挂上了"童叟无欺"的标语。

刚开始的半个月，生意非常好。但是，半个月之后，店里生意瞬间变差。究其原因，恐怕要从一件事情上说起。

那天，有个小孩在小店里买了一袋面包，没等老板找钱就离开了。快要到家的时候，小孩突然想起老板没有找钱。于是，他又折回店里去要那些原本应该找给自己的钱。但是，面对这个小孩子，老张却矢口否认，并还诬赖小孩子："真没想到你小小年纪就学会撒谎了……"就在此时，这个小孩的邻居大婶走进店里买东西，于是孩子就委屈地将事情告诉了大婶。大婶是孩子的邻居，深知他是一个诚实的孩子，于是对老板说道："老板，你是不是在骗孩子啊？孩子要是没有拿回去应该找的钱，是会受父母批评的！""我真没有收他的 50 元钱。"之后，这件事虽然从表面上看就这样不了了之了，但是从这件事之后，店里的生意显然不如以前了。当老板再次抬起头看见大厅的标语"童叟无欺"时才恍然大悟，终于明白了自己生意变差的原因。

在当今社会上，不论你从事什么样的职业，诚信都是一个永恒的原则。许下的承诺，就一定要履行。也只有这样，才能使自己成为一个勇者，才能在竞争中脱颖而出；相反，言而无信、说话不算话，只会让自己离成功越来越远！

5 诚信是责任、道义的化身

诚信是由"诚"和"信"两个概念组成的道德。"诚"指的就是真诚与诚实，而"信"也就是信用和守信。二者结合起来，就是说在真诚与诚实的基础上保证自己的信用。诚信是现代社会所必需的，是适应现代市场经济发展要求的一种最重要的道德品质。

众所周知，诚信不仅要求我们对自己的诺言负责，更要求我们能够禁得住诱惑，时刻不能背叛自己的诺言。可见，诚信不仅仅是一种道德规范，更是责任、道义的化身。无论是在职场中，还是在生活中，只有以诚信为活动准则的人，才能够积极担负起自己的责任，才能够以正义为标准，严格要求自己的行为，做一名堂堂正正的榜样。

赵强已经毕业整整五年了，但他却一直在辛苦地找工作。他天天奔波于招聘会中，但每一次都是失望而归。

赵强毕业于一所名牌大学，毕业之后就进入到一家大型企业。在公司中，赵强凭着自己较强的专业技术，受到了老板的重用。在老板的眼中，赵强不仅技术能力强，而且还十分会办事。因此，在一年之中，赵强就升任为技术部门的主管。

就在赵强事业得意的时候，一个老同学打来电话，约他一起吃饭。酒过三巡之后，老同学和赵强谈起了工作。“我们公司最缺的就是你这样的人才，目前我们公司正在招聘这样的一位技术主管，待遇非常高。”“是吗？”赵强问道。“对啊，至少是你现在的两倍吧！如果你能来我们公司，我想肯定有更广大的前途。”听到老同学的一番话，赵强竟有些心动了。“对了，我们公司目前也在研究这个项目，如果你能带着你的成果来到我们公司，我想恐怕还会有更好的待遇！”

半个月之后，赵强来到了老同学所在的公司，并且带来了自己在以前公司的研究成果。果然，他一到公司就被任命为主管，而且薪水也相当可观。赵强非常庆幸自己做了一个明智的选择，积极地投身到技术开发中去了。

然而，半年之后，赵强的地位开始一落千丈。很多重要的技术都不让他参加了，公司只是将一些鸡毛蒜皮的小事交给他处理。赵强忍了半年，最终忍无可忍，又辞职了。

在以后求职的日子中，赵强连连碰壁，很多大型企业都不愿意接受他。最终，他在一家小工厂中找到了一份技术员的工作。在这个小厂子中，赵强的确是最优秀的人才，很快，他就成为厂子中的技术骨干。就这样，赵强在这个小厂子中度过了一年。

一个同学聚会上，赵强看到这些原本不如自己的同学，现在都成为了公司中的骨干、领导。回到家中，赵强非常郁闷，他不想就这样继续下去。于是，他决定再跳一次槽。

而这次，也成为赵强最后的工作了。之后的一段时间中，赵强奔波于各种招聘会，但都被拒之门外。

在现实中，不乏赵强这样的人，在诱惑面前，违背了诚信的要求，做出一些背信弃义的事情。可以说，这样的人，不但对公司不负责任，对自己也是极其不负责任的。并且在利益的诱惑下，出卖公司的机密、利益，做出不道义的事情。这样的员工，无论从哪一方面来讲，都不会受到成功的青睐。相反，那些能够将诚信作为自己行为准则的人，才是对公司、对自己负责、讲道义的人，才能赢得领导者的青睐！

美国前总统林肯年轻时口才很好，在他当上律师之后，由于良好的口才，再加上精通法律，所以很多人都来请他帮忙打官司。但是，林肯帮助别人打官司是有前提的，那就是对方必须是正义的。

林肯做出了承诺之后，在实践中也积极地履行。凡是正义一方的人来找林肯打官司，无论是穷人，还是富人，他都会热情地帮忙，甚至还免费帮助穷人打官司。

一次，一位很有钱的绅士，来到林肯的办公室，对他说："我听说你是口才最好的律师，所以我想让你帮我打赢这场官司。"林肯在听完对方的陈述之后，觉得对方是在诬陷别人，并不是正义的一方，于是拒绝帮助他："很抱歉，我不能帮助您，因为您的行为不是正义的。"那个人不甘心，于是又说道："我就是想请您帮助我打赢这场非正义的官司，只要你帮我打赢这场官司，你想要多少报酬，我都能满足你。"林肯听了富人的话之后，严肃地说道："这件事情我是不会帮忙的，因为我曾经承诺过，我只替正义的一方打官司。况且我也不想在法庭上说谎，出卖自己的良知……"听完林肯的话，富人惭愧地离开了。

林肯坚守自己的诺言，不仅是为自己负责，更是对他人、对社会的一种负责，也正是由于这种高尚的品格，他才会令万人敬仰，最终成为一个伟人。

在当前社会中，诚信已经渗透在各个领域之中，尤其是在职场上，诚信已经成为公司考察员工的一个标准。因为在企业家看来，诚信不仅是一种品德，更是责任和道义的化身。员工只有具备了诚信，才能将公司的发展作为自己的责任，才不会做出有违道义的事情！

6 诚信树心中，做人坦荡荡

古往今来，“坦坦荡荡做人”一直备受人们推崇。无论是在生活中，还是在工作中，任何一个人都希望自己能够坦然地面对身边的每一个人、潇洒地走过每一天。那么，如何才能实现这一愿望呢？

答案非常简单，诚信就具有这种魔力。只要坚守诚信，时刻以诚信为自己的活动准则，无论是在什么时候都不会做出有违诺言的事情。这样一来，人们在思想上就没有负担，就能够坦然面对生活中、工作中的每一个人、每一件事情；相反，如果平时言而无信、说话出尔反尔，甚至为了某种利益，不惜背信弃义。这样的人即便是得到了一丁儿点的好处，也会在思想上留下阴影，自然是无法坦荡面对身边的人和事。

诚信是一种道德，它已经悄悄渗透在人们的情感之中，并逐渐成为人们评价他人的一种隐性标准。可以说，没有一个人喜欢不诚信的人，更不用说和他们合作了。因此，一旦背上不诚信的包袱，人们就会躲着你、远离你，甚至是指责你。在这样的情况下，坦荡做人只能成为泡影。

本市一家知名企业正在招聘员工，来面试的人非常多，大家都非常期待能得到这样一个工作。在众多的应聘者中，王亮就是其中的一位。

在笔试中，王亮凭借自己的实力，从几十个人中脱颖而出，顺利地进入了复试。

在复试的时候，王亮刚刚走进经理的办公室时，一位面试官突然站起来，并激动地说：“是你……”转而一脸惊喜，紧紧地握着王亮的手说：“你就是那天在公园里救我女儿的年轻人，我终于找到你了！真是谢谢你！”接着，这位面试官又转过身来，向其他的几位面试官说道：“给大家介绍一下，这位先生就是我女儿的救命恩人！”之后，这位面试官开始向大家讲述王亮救他女儿的经过……

面对这一幕，王亮心中一片茫然。心想“这位面试官肯定认错人了，我并没有救过他女儿。如果我将错就错的话，很可能就会顺利地通过复试……但是，如果真的这样做，自己岂不是在撒谎？更何况纸包不住火，没有救他女儿就是没有……”想到这里，王亮诚恳地说道：“不好意思，恐怕您是认错人了，我没有救过您的女儿。”但是，面试官继续说道：“不对啊，就是你！当时我匆匆赶到现场的时候，我记得你就站在旁边，我对你的印象很深刻。错不了，就是你！”王亮依然坚持地说道：“我想您真的是认错人了，我真的没有救过一个小女孩。”过了好一会儿，面试官这才说道：“年轻人，恭喜你成为我们公司中的一员！我们非常欣赏你这种诚实的态度！”

进入公司之后，王亮才发现那位认错人的面试官竟然是公司的董事长。事后，一个偶然的机会，王亮问董事长的秘书：“董事长女儿的救命恩人找到了吗？”“女儿？救命恩人？”女秘书惊讶又略带微笑地说：“董事长没有女儿啊，那只是一道面试题，因为董事长希望找一个诚实的员工！”

试想之，如果在当时的情况下，王亮将错就错，承认自己是董事长女儿的救命恩人，恐怕他会因此被淘汰。最重要的是，他还会因此背上不诚实的包袱，形成心理上的负担。如果一个人撒谎成性，那么在这个人的内心深处，肯定会有一块无法移动的巨石，他会因此觉得惭愧，不敢坦荡地面对身边的人和事。

但是，王亮并没有这么做。他不仅依靠自己的诚信赢得了梦寐以求的工作，更用自己的诚信树立了高大的形象。只有像这般诚信的人，才能做到心中无愧，才能坦然面对公司中的领导、同事。

“每次大会上都好像是有意地要批评我，虽然没有提名，但是我感觉经理的眼神就是在针对我。”从会议室走出来，刘玲一边走一边想刚才的事情，她的脸色显得非常沉重……

刘玲为什么会这么沉重呢？原来是最近两周，公司连续召开了两次例会，主要就是针对员工的工作态度、考勤等问题。每次开完会，刘玲都非常心虚，因为刘玲是一个没有时间观念的人。平时晚上，她不是出去玩就是在家里玩游戏，总是折腾到很晚才睡觉。第二天早上总是不能按时达到公司。按照公司的规定，迟到三次以上就要被罚款。为此，刘玲经常会被扣掉一部分工资。为了避免这一现象，刘玲开始让别人帮她打卡，而她则是一如既往地上下班。

就这样过了一个月，刘玲终于拿到了全额工资。正在她高兴的时候，公司就召开了例会。在会上，经理虽然没有指名说这件事情，但是刘玲觉得经理就是在警告自己。

开完例会之后，刘玲总觉得背后有人在盯着自己，精神高度紧张，无法专心地工作。一个月之后，刘玲身心疲惫，终于向人事部提出了辞职。

如果说刘玲心中“无鬼”，自然不会害怕领导的批评，更不会因此无法面对工作。在职场中，像刘玲这样的员工非常多，经常会为了一点儿利益，背弃了诚信的原则。尽管他们可能会暂时得到一点儿好处，或者不被发现，但却无法坦然面对公司的每一个人。

诚信，犹如一束阳光，撒在世人的心灵上。拥有了诚信，才能拥有阳光般的心灵，才能坦然地面对身边的每一个人、每一件事！

7 生命诚可贵，诚信价更高

想必大家都看过这样一则寓言故事：

有一个年轻人跋涉在漫长的人生道路上，到了一个渡口的时候，这位年轻人已经拥有了“健康”、“美貌”、“诚信”、“机敏”、“才学”、“金钱”和“荣誉”。年轻人背着这七个行囊，踏上了小船。

刚开始的时候，水面上风平浪静，年轻人一边欣赏着美好的风光，一边感叹生活的美好。但是没过多久，海上风起浪涌，小船也开始上下颠簸，非常危险。这时，艄公说："船小负载重，年轻人，你必须丢弃一个背囊方可平安渡过难关。"这个问题让年轻人很为难，他看看这个，又看看那个，哪个也舍不得。这时，艄公又说道："舍得，舍得！有舍才有得，有弃才有取！"年轻人思索了一会儿，拿起"诚信"这个背囊，毫不犹豫地扔到了水里。

后来，年轻人度过了危险。在以后的人生道路上，年轻人事业有成、金钱不断，甚至娶到了如花美眷……可以说，年轻人拥有了许多人无法想象的财富。就在年轻人沉浸在幸福中的时候，突然有一天，他发现身边的一切都消失了。

对此，年轻人非常苦闷，他不明白为什么自己所拥有的幸福、财富会转瞬即逝。就在此时，他又遇到了那位艄公，艄公看着落魄的年轻人说："孩子！当年你所背的七个行囊之中，你可知道哪个最珍贵？"年轻人想了很久，还是不知道哪个更重要。"就是那个被你抛弃到水里的诚信，它才是人生中最珍贵、最重要的东西，因为你失去了做人最基本的诚信，才会失去了所有的一切！"

在人生道路上，每一个人都有自己的追求，我们执着于事业、地位、金钱……但是却把最重要的诚信抛弃了。可以说，在漫长的人生道路上，很少有人会问自己："在人生中，什么才是最贵重的呢？"也许有人会说"生命诚可贵"，或许有人说"爱情价更高"……然而，所有的人都忽略了诚信。

正如艄公所言，诚信是一个人最珍贵、最重要的东西。没有诚信，生命便是渺小的，不会散发光彩；没有诚信，爱情是虚伪的，无法体会到其中的甜蜜；没有诚信，事业便无法成功，永远无法攀登上理想的高峰……

诚信，虽然普通，却有千钧之重。只有拥有诚信，才能感觉到绚烂的生命，才能体会到成功的滋味。尤其是身为职场的员工，诚信显得更为重要。诚信不仅是衡量员工的一种标准,更是员工自身的一种财富。在很多时候,员工的这种诚信财富远远高于他的能力,成为无价之宝。

王俊翔是一家装修公司的一名油漆工人,他虽不苟言谈,却是一个诚实的年轻人。因此,即使他的能力不是最好,却依然得到老板的青睐。

一次,老板派他给一户人家粉刷墙壁。出发之前,他向老板打包票说:"放心!我一定会将工作完成!"到了客户的家里,他同样说道:"我一定会尽我所能将您的房子刷好,将每间房间都刷干净。"他做得非常认真、仔细,眼看工作就剩下最后一点儿了。就在此时,他一不小心将刚刚刷好的墙壁弄脏了。他看了看这块污点,刚好在最不起眼的角落里,完全可以蒙混过关。但是,王俊翔并没有这么做,他又开始重新刷。

等他都刷完之后,他做了一个最后的检查。突然发现,刚才重新刷的地方和别的地方颜色不一样。无奈之下,王俊翔又将房子全部重新再刷一次。完成之后,他诚恳地向主人解释了其中的原因,希望得到谅解。主人看着一身是汗、却满脸真诚的王俊翔,笑着说了声:"没关系!"

按理说,既然房主都没意见了,王俊翔就不用将这件事情告诉老板了。但是,他并没有这样做。一回到公司,他就向老板说出了事情的原委。他原以为老板会对他非常失望,或者扣除工资等,孰料,老板只是笑着说了声"我知道了!"

王俊翔忐忑不安地离开了老板的办公室,他不知道老板会做出什么样的惩罚。可是,一连两个月过去了,老板也没有提起那件事,而且还给他升了职、加了薪。

一个偶然的机会,王俊翔将自己的疑惑说给了老板,"因为我在你身上发现一个无价之宝。"老板说道。"无价之宝?"王俊翔更加疑惑了。老板点点头说:"对,无价之宝就是你的诚信。"

正如这位老板所言,诚信是一个人的无价之宝。无论是生命、事业,还是地位、金钱，都无法和诚信相媲美。在人生的道路上，唯有诚信能发出绚丽的色彩，增加生命的颜色；相反，那些将诚信丢弃的人，纵然是拥有了世间最大的财富、最高的地位，也会转瞬即逝。

因此，无论是漫步在人生道路上，还是畅游在职场的海洋中，我们必须牢记："生命诚可贵，诚信价更高！"

8 诚信是一种无形的资本

打开成功的锦囊，我们会发现在众多成功的资本中，诚信位居第一。看到这个结果，相信很多人会发出这样的疑问："诚信怎么会排在第一位呢？""诚信也是一种资本？"

的确如此，诚信是实现成功的一种资本，一种无形的、重要的资本。正如俗语所言："人无信不立，业无信不兴，国无信则衰。"诚信是做人、企业兴衰、国家存亡的根本。于个人来讲，诚信是一种道德资本，是一种人格魅力，拥有了诚信，才会取得成功；于企业来讲，诚信是一种信誉资本，是企业生存和发展的关键；于国家而言，诚信则是一种精神资本，是塑造民族向心力和凝聚力的重要能量。

对于个人而言，诚信是做人的根本，是一个人的道德资本。任何一个人，只有做到"自古修身在信诚"，时刻加强自身诚信的修炼，才能成为一个德行兼备的君子。

相信我们都听过"季札挂剑"这样一个历史故事：

季札是春秋时候吴国的公子，由于他德才兼备，所以在当时也是一个很有名的人。一次，他出使别国，路过徐国，与徐国国君会面。期间徐君看见季札腰间的宝剑很喜欢。季札也看出了徐国国君的喜欢，但是想到自己还要出使别的国家，而宝剑又是使者的信物，所以就没有将宝剑赠与徐国国君。他也没有当场说出自己的想法，只是在心里对自己说等自己出使的任务完成之后,再将宝剑送给徐国国君。

但是,当他完成出使任务回吴国,再次经过徐国准备将宝剑送给徐国国君的时候,却得知他已经去世了。季札对此感到很惋惜,于是,他来到徐国国君的墓前,将宝剑挂在了墓前的树上,就算徐国国君已经不在了,也不能因此而放弃自己心里的约定。

上文中所提到的季札,即使他没有将宝剑挂在徐国国君墓前的树上,也不会有人说他不守信用,因为他没有对徐君许下把宝剑送给他的诺言。然而,季札却这样做了,这不仅体现了季札的高尚品德,更在不经意间增加了季札的个人魅力,增添了成功的资本。试想之,如果季札是一个言而无信的人,那么他还拿什么资本去赢得人们的敬仰呢?

在当前社会,随着竞争日益激烈,诚信这种无形的资本越来越重要。尤其是对于职场人士来说,要想在职场中拥有较大的发展、实现自己的职业理想,不仅需要专业技术资本、管理资本,更重要的是诚信资本。

对于职业人士来说,诚信是一种道德资本。只有具备了这种资本,才会在强大动力的支持下,攀登上事业的巅峰;同样,从企业的角度来说,诚信已经成为众多企业选择人才的一个标准。也就是说,只有具备了诚信这种资本,你才能够得到企业的青睐,才能有机会实现自己的职业理想。

有这样一篇报道:有一位在德国著名高校留学的中国学生,他不仅成绩优异,能力也非常强。可以说,凭着他自己的实力,毕业后完全可以轻松地找一份工作,然而事实并非如此。

这位留学生毕业之后来到德国一家知名企业应聘,在最初的几分钟里,面试官对他的专业技术和能力非常满意。然而,当面试官看到他的档案时,却断然拒绝了这位留学生。无奈之下,留学生只有去其他的公司面试。但意外的是,所有的公司在看到他的档案后,都断然拒绝了他。

最后,他来到一家非常小的公司。万万没有想到的是,同样的事情又发生了。当面试官拒绝他的那一瞬间,留学生愤怒地指责道:“真是不识人才!”面对着愤怒的留学生,面试官不慌不忙地说道："你看，在你的档案中，居然有三次逃票记录！"留学生听到这个理由，更加愤怒，"我以为是什么大事，你们真是小题大做！""要知道，在我们德国逃票被查到的几率仅仅为万分之三。而你的档案中居然就有三次记录，像你这样不诚信的人……"没等面试官说完，留学生就惭愧地告辞了。

正如文中所提到的留学生，即便是拥有较强的专业知识、过高的能力、名牌大学的出身，但终究抵不过一个诚信的力量。在当前职场中，有很多这样的员工，把知识、能力等资本作为自己的目标，反而忽略了一种无形的道德资本。不可否认，这样的员工最终也只能以失败告终。

9　诚信是走向社会的开始

众所周知，诚信是一个人安身立命的重要保障。尤其是对于那些刚刚进入社会的人来说，诚信就愈发重要。一般来说，在刚刚踏入社会的时候，经验都是相当贫乏的。那么，在这个时候，诚信就成为衡量一个人格的重要标准了。

在现实中，我们经常会遇到这样的事情：在应聘中，能力很强的人可能会被公司淘汰；而能力一般的人却能从中脱颖而出。这是什么原因造成的呢？对此，一位资深人事经理解释道："一般来说，面对没有经验的应聘者，我们主要以诚信来衡量他们优秀与否。比如说，有人喜欢在简历上造假，有人喜欢在面试的时候夸大自己的能力，像这样的人不但不会赢得我们的好感，反而会丧失自己的工作机会；相反，对于那些诚信的人，尽管能力上稍微逊色一点，但仍然会赢得企业的青睐。"

因此，对于刚刚步入社会的人来说，唯有学会诚信，才能顺利地迈进社会中，才会在激烈的竞争中站住脚，从而赢得发展机会。

小莉是某大学新闻专业的毕业生，在上大学的时候就决定以后从事新闻工作。在毕业的招聘会上，小莉将自己的目标锁定在了一家知名报社上。为了能够顺利地通过面试，小莉特意对自己进行了一次“包装”。

在面试的时候，小莉将自己“包装”好的简历递了过去。显然，她的成绩引起了主编的注意。然后，主编就和小莉讨论起有关的问题。在这过程中，小莉为了表现自己，夸夸其谈。为了显示自己的博学，小莉还谈到其他领域的知识。其实，小莉对这些知识也是一知半解，但为了能增加胜利的筹码，只有夸大其词。

面试过去很多天了，小莉一直也没有等到报社的通知。眼看着身边的同学一个个都找到了工作，小莉更加茫然了。

其实，在现实中有很多这样的事情，面试不仅仅是在检验一个人的专业知识，更多的是考察一个人的人品。如果小莉能够认识到这一点，将自己最真实的一面展现出现，结果未必会如此。但是，小莉并没有认识到诚信的重要性，她只是一味地“包装”自己，殊不知却输在了自己的“包装”上。

诚信是走向社会的开始，对于刚刚步入社会的人来说，唯有学会了诚信，才能顺利地走好以后的每一步；相反，如果抛弃了诚信，就注定会走向失败！

张涛在上研究生的时候，为了解决经济问题，在一家大型企业做兼职技术员。在这三年中，张涛凭着自己优异的成绩和超强的技术，赢得了企业的青睐。因此，张涛一毕业就顺利地进入该企业的技术部，并担任技术指导的职务。

老板非常看重张涛的个人能力，想把他培养成企业中的技术主干。于是，在张涛进入公司半年之后，公司就派他出国深造技术。在张涛深造之前，公司和他签订了一系列的保密合同，双方各自做出了相应的承诺。

这样的待遇和机会让张涛非常感动，他对此还曾说出“工厂是我家”的豪言壮语，并一再向老板保证，自己一定会努力深造，将来为企业做出更大的贡献。

一年之后，张涛回国了。然而，令大家吃惊的是，张涛并没有回到原来的公司，反而进了另外一家公司。原来，张涛在一个偶然的机会中，遇到了现在这家公司的老板。通过一段时间的接触，这个老板发现张涛确实是一个不可多得的人才。于是，这个老板使出浑身解数，想尽一切办法来赢得张涛这个人才。终于，在诱惑下，张涛动摇了。

在新公司中，张涛尽管工资待遇、职务很高，但是工作却不顺心。原来，当大家知道张涛背后的故事之后，大家都在背地里说张涛言而无信、没有良心，在工作上根本没有人愿意听张涛的指挥。对此，张涛虽然很气愤，但这也是事实，自己又不好辩解。

就这样过了两年多，张涛感觉自己在公司中的地位下降了，虽然待遇、职务没降，但也没有提高，更重要的是，现在很多事情老板都交给了别人处理。一次，他和老板的儿子发生了争执，老板的儿子就阴阳怪气地说道："江山易改，本性难移，谁知道你会不会因为利益再次背叛公司呢？"

顿时，张涛愣在了那里，他也终于明白了自己所犯的错误。第二天，张涛就辞职离开了公司。

刚刚迈进社会一只脚的张涛，在利益的诱惑下，背弃了自己当时的诺言。当他背着不诚信的包袱踏入社会之后，尽管暂时得到了优厚的物质待遇，却失去了同事和老板的信任，进而致使自己无法在职场上立足。

自古以来，德才兼备的人都备受重视和推崇。人们将"德"放在"才"的前面，是有一定道理的，就是说"德"比"才"更重要。而在人的品质中，诚信就是其中一个重要的组成部分，也正因为如此，诚信又成了企业衡量员工的重要标准。因此，对于刚刚或者正准备走向社会的人来说，诚信是最关键的资本！

第二章　职场有浅滩，诚信是通行证

步入职场之后，每一位员工都希望成为最优秀的员工，其秘笈就是——诚信。诚信是员工的立足之本，讲诚信的员工才是最受老板欢迎的员工。只要坚守诚信，就一定能够顺利地通过职场浅滩。

1 擦亮你的第一名片——诚信

无论身份、地位如何，无论事业是大是小，要想赢得众人的眼光，唯有亮出自己的“第一张名片”——诚信。尽管身份、地位、职务都能在不同程度上代替自己的身份，但在诚信面前，这些名片就会黯然失色，变得微不足道了。

众所周知，诚信是一个人的立足之本，是一个人品行中最闪光的部分。唯有拥有了诚信，才会发出真诚、耀眼的光芒，才能吸引他人的眼球，才能把自己成功地推销出去。尤其是对于职场人士来说，诚信是员工的“第一张名片”。只有拥有了这张名片，才能走进公司，赢得领导的重用，进而在职场中大显身手。

或许有人会对此产生疑问，觉得“能力才是第一张名片”。其实则不然，对于职场人士来说，能力固然重要，但是能力的表现总是需要一个相当长的时间。而自身所具备的诚信品质则是一种内在修养的外在表现，在短时间内的为人处事上就能看出来。因此，在职场的道路上，诚信是“第一张名片”，然后才是专业知识能力。

几年前，一位制作椅子的商人雇佣了一批年轻人，用手工来制作椅子。商人根据每个人制作出来的椅子的数量每周付给他们一定的报酬。但是，给付报酬是以椅子的质量为标准的，只有在检验合格之后，才会得到相应的报酬。

在众多的工人中，有两名工人引起了商人的注意，那就是罗峰与张泽，他们制作出来的椅子很少有不合格的。后来，随着生意的扩大，制造商需要一个监工来帮助自己监督工人。这时，制造商已经有了两个最佳人选，但是究竟选择谁来做监工，制造商陷入为难之中。

没过几天，制造商想出了一个好办法。于是，他将所有的年轻人召集起来，对他们说："最近有一批椅子需要赶工，只要椅子造好了不管质量是否合格，我都会付给你们相应的报酬。"

于是，椅子的产量大大增加，但是质量却下降了很多。但是，制造商只是仔细检查了罗峰与张泽制造出来的椅子。结果发现，罗峰制造出来的椅子有很多不合格的，但是张泽制作出来的椅子还是和以前一样好。

于是，张泽顺利地成为监工，而罗峰依然还是一个普普通通的制作工人。

在职场的道路上，诚信是员工的第一张名片，只有好好把握自己的这张名片，才能用其赢得领导的青睐。在现实职场中，有很多张泽式的员工，他们始终将诚信作为工作、做人的准则，从而在竞争中取胜，在众多员工中脱颖而出。

在我们生活中，有这样一句俗语："不管好人还是坏人，都喜欢好人！"而所有好人都有一个共同的特性，那就是诚信。可以说，一个说话出尔反尔、不信守诺言、随意背叛的人无法被列为好人、君子的行列之中；相反，一个讲信用的人必定会在第一时间赢得人们的好感、尊重和青睐。同样，作为一名职场人士，唯有将诚信作为自己的"第一张名片"，时时刻刻以诚信为活动准则，才能在第一时间赢得同事的喜欢、领导的重任，从而实现事业的成功。

张宸在一家合资企业工作很久了，虽然早就不是初涉职场的人，但是仍然保持着刚进入职场时的样子。对人对事都很认真，见了同事也是始终保持微笑，公司里每个人都很喜欢他。

张宸还是公司里唯一的博士，老板总是带着他出席各种大场面，用此来显示公司员工的高素质。而张宸确实也是一位比较优秀的年轻人，他不但谈吐优雅，态度也非常真诚，再加上丰富的学识和宽广的知识面，很快就为公司赢得了大量客户。

没过多久，公司的一个部门经理退休了，由于这个部门在公司中占据着非常重要的地位，因此在选择新的经理时，公司的领导人都十分慎重。关于这个职务,公司有很多人选,但最终都被一一排除。就在大家一筹莫展的时候,主管技术的副总提出让张宸担任这一部门经理。大家虽然觉得张宸的资历不深,但是也认为他有巨大的潜力。于是,副总的提议得到了公司领导的一致认可。

两周之后,人事部正式通知张宸升任为部门经理。一个月后,张宸和退休的经理将工作交接完毕,就正式接替了老经理的位置。

在张宸刚刚升职为部门经理的时候,副总特意找到他,并嘱咐他好好干,不要辜负了公司对他的期望。面对副总诚恳的眼光,张宸一再保证不会让领导失望。

在接下来的日子里,张宸一如既往地上班,但是大家都觉得张宸变了,他开始懈怠工作,没有了以往的积极和热情。就在大家疑惑的时候,意想不到的事情又发生了,张宸辞职了,理由却是自己准备移民。

其实,早在春节前,张宸就已经办好了移民的手续,之所以当时没走,就是因为想留下来当几天经理,更加完善自己的简历,以便在出国之后找到更好的工作。

张宸离职的消息像一颗炸弹投进了公司,引起了很大的波动。张宸所在部门顿时陷入混乱局面,无法顺利地展开工作,严重影响了公司的业绩;公司的高层领导,在气愤的同时,不得不重新选拔一位合适的接班人。

张宸虽然走了,但是却背上了不诚信的罪名,成为公司中的反面教材。

在职场上,不乏张宸这样的人,为了完善自己的简历,不惜抛弃诚信。殊不知诚信是人生的“第一张名片”,唯有坚守诚信,将自己的这张名片擦亮,才能打开成功的大门;相反,一旦抛弃诚信,就失去了成功的资本。因此,假如张宸没有出国,而是留在国内继续找工作,必定会以失败告终。

对于职场人士来说，诚信不仅仅是一种道德表现，也是员工的"第一张名片"，是其走向成功的助推器！

2　诚信，员工的立足之本

正如"车无辕不行，人无信不立"所言，诚信是人在社会上立足的根本。同样，对于职场人士来说，诚信更是一种必备的道德资本。不论是初涉职场的员工，还是久经沙场的老员工，要想在职场占有一席之地，就必须遵守诚信法则。

诚信是员工在职场道路上的通行证，是其立足于职场的最基本条件。任何一名员工，一旦丧失了诚信，就失去了立足职场的资本。即便是拥有很高的学历、背景和能力，同样不会被企业所认可。

同样对于企业来说，他们在选择人才的时候，最看重的就是员工的道德品质，而在众多的道德品质中，诚信居第一位。正如一位资深人事经理所言："对一个企业来说，诚信的员工是公司最宝贵的财富。一个公司的员工，无论是经理还是普通的员工，都应该将诚心放在第一位……"可以说，任何一个企业都无法容忍不诚信的员工，他们一旦发现员工不诚信，必定会毫不留情地将其扫地出门。

小文是一家集团公司的员工。平时，小文对待工作非常认真，他将自己的全部热情都投入到了工作中。不但如此，小文的专业能力也非常强，无论是多么复杂的工作，他都能将其顺利、漂亮得完成。因此，没过多久，小文就凭自己的能力和努力赢得了领导的青睐。

半年之后，小文被公司破格提拔为财务总监，成为公司中最年轻的高层骨干。在他当上财务总监之后，别的公司开始笼络他，受不了外界诱惑的小文渐渐地变了。他不但不认真对待自己的工作，反而利用职务之便，以查阅资料为名从公司各部门主管手里借来大部分具有商业机密和技术机密的原材料账单，转而将其卖给别的公司。

一个月之后，小文在不知不觉中将自己公司中的全部商业机密与技术机密转移给了其他公司。因为小文的背叛，公司顿时陷入了困境，并在气愤之余将小文辞退了。

离开公司之后，小文找到曾经笼络他的公司，希望能够在此重新发展。但是，让小文意外的事，这家公司直接拒绝了小文的要求，理由就是：他曾经背叛公司，出卖公司的利益。小文欲哭无泪，只有另选择其他的公司。但是，当他们看到小文的档案之后，都直接拒绝了小文。

尽管小文拥有出众的才华，但是由于他不讲诚信，最终使自己无法在职场上立足。在职场上，不乏小文这样的员工，为了一时的利益，违背了诚信的法则，最终使自己受到惩罚，无法在职场上立足。

作为一个职业人士，不论拥有多么高的学历、能力，一旦丧失了诚信，就失去了立足于职场的资本；相反，那些在工作中时刻以诚信为准则的人，即使能力不足，也会得到领导的重视，也能成就自己的事业。

林涛本科毕业之后被分配到了一个研究所，还没开始正式工作，林涛就在心里对自己说："我一定要做好这份工作，不能让领导失望。"当他进入研究所之后，发现同事中间大部分人都拥有研究生学历甚至是博士学历，只有自己的学历是最低的。

面对这一压力，林涛不但没有退缩，反而更加积极地投入到工作中。进入研究所一段时间后，林涛发现那些学历比自己高的同事并没有将心思放在工作上，都在工作时间发展自己的兼职事业。甚至有的人还开玩笑地对他说："你这样辛苦也拿不了多少工资，还不如利用时间赚点外快呢！"林涛笑着拒绝了，反而坚定了自己的事业信心。

之后的日子，林涛将自己全部的心思都放在了工作上，从早到晚一丝不敢懈怠地工作。凭借这种韧劲，林涛有了很大的进步，并逐渐成为了研究所里的“顶梁柱”。

林涛的进步让所长感到由衷的欣慰，所长越来越重视林涛，并将其看成自己的左膀右臂。两年之后，林涛被破格提拔为副所长。

林涛虽然学历稍有逊色，但是就是凭着自己的诚信意识，将自己的全部精力都投入到工作中，如果他也像其他的研究生、博士一样，利用工作之便为自己谋取利益。那么，在竞争激烈的环境中，林涛就无法立足于职场，实现自己的职业理想更是无从谈起。

对于一个员工来说，“做老实人，说老实话，办老实事”不仅仅是一项道德规则，更是打开职场大门、立足职场的法宝。尤其是在竞争激烈的环境下，诚信的员工越来越受到企业的欢迎，成为企业选择人才的标准。

张强高考落榜后，只身来到城市打工。然而，事情并不像张强预料的那般顺利，在找工作的时候，张强多次被拒之门外，主要是因为他的学历不够。

就在张强一筹莫展的时候，一个朋友给他出了个“好主意”——办一张假文凭，甚至朋友还将一个办假证的电话给了他。张强反复思考了一会儿，还是不想欺骗别人。

功夫不负有心人，经过一个月的努力，张强终于看到一个招聘仓库管理员的广告。尽管身边有很多人都持有比自己高的学历，但张强还是将自己的高中毕业证交给了面试官。过了很久，面试官只留下了张强一个人，把其他人的证件都退了回去。

原来，那些证件也都是假的，唯有张强用自己真实的证件为自己赢得了一份工作。

职场道路并非一帆风顺，尤其是对于像张强这样原本竞争力就不强的员工来说，诚信是他们最重要的法宝。只有具备了诚信，让自己在道德上高人一筹，才有可能在职场竞争中取胜，从而占据一席之地。

诚信是衡量员工人品的试金石，也是员工立足职场的根本。只有具备了诚信这种道德资本，才能在职场竞争中站得住脚，才能拥有自己的一片天地！

3 诚信的员工老板最喜欢

生活中,缺斤短两、以次充好的销售商总是不招人喜欢,他们不但得不到别人的尊重,反而会影响自己的生意。而以诚信做买卖的销售商则恰恰相反,不但会赢得消费者的喜欢,还会使自己的生意越来越好。同样的道理,在职场上,只有诚实守信的员工才会得到老板的喜欢,赢得老板的重用。

一位记者在采访一位知名企业家的时候,问道:“一般来说,什么样的人才最容易赢得你的青睐?”企业家回答说:“看他的忠诚度。我主张用品德好的人,我比较喜欢将诚信的员工!”的确如此,唯有以诚信为准则的员工,才能在工作中兢兢业业,才能忠实于自己所在的公司,进而赢得老板的喜欢和重用。

王阳在一家企业上班,由于才华出众,没过多久就被破格提升为企划部经理。当上部门经理之后,由于发展空间扩大,王阳的业绩一路飙升。

最近,公司要争取一个项目,而另外一家公司也有意要竞争。但是从实力上来讲,王阳所在公司的胜算要大一些。经理将这件事情交给了王阳,由他代表公司去竞争。

没过几天,王阳就接到了竞争公司负责人的电话,说是要洽谈项目。出于礼貌和应酬,王阳就答应了。在吃饭的时候,对方提出希望王阳能够将自己所在公司的信息给他透漏一些。“不行,这涉及到公司机密!我办不到,对不起!”王阳拒绝了。但是对方仍然不死心,“这是我们公司的一点儿心意!”说着将10万元的支票递给了王阳。“这绝对不行,公司给了我这么好的发展机会,我不会出卖公司的利益!”王阳坚决地说道。对方仍然不死心,继续说道:“你不用担心,以你的才华无论走到哪里都会被重用,我们公司也非常欢迎你加入……”没等对方说完,王阳就愤怒离开了。

回到公司之后,王阳一如既往地工作,不但为公司赢得了项目,还创造出了巨额利润。半年后,老板偶然得知了那件事,老板在感动之余也更加重用王阳。

在诱惑面前,有很多这样的员工,他们不为利益所迷惑,将诚信牢记在心中,时时刻刻以公司的利益为出发点。也正是由于这种诚信的品质,他们不仅赢得了老板的喜欢和重用,也为自己赢得了更广阔的发展空间。试想之,如果王阳在诱惑下出卖了公司的利益,虽然会得到一点点好处费,但却会因此失去老板的信任。

踏入职场之后,得到老板的信任和重用已经成为所有员工的共同心声。但是,如何才能赢得老板的青睐呢?答案非常简单,只要时刻以诚信为准则,认认真真工作,和公司同命运,就一定能够得到老板的青睐。

如今,周波已经是一家大型航运公司的董事长,他能够取得这么大的成就,在很大程度上要归功于诚信这一高尚的品质。在一次采访中,一位记者问道:“什么样的员工最得你的青睐?你是怎么用人的?”面对记者的提问,周波没有直接回答,只是讲了一个自己小时候的故事:

“我小的时候,家中十分贫困,为了能够继续读书,我每到周末和假期的时候都要出去打工。在我十岁的那年暑假,我在一家小加工厂打工,我的任务就是每天跟着工厂的车将货物送到各个零售的地方。尽管非常累,而且报酬很低,但是我每天都认认真真地工作。

一天,由于不需要送货,厂长便让我去打扫办公室的卫生。我在扫地的时候,发现桌子底下居然有50块钱。我将钱从地上捡起来,想都没想就将钱交给了老板。老板接过钱之后,问道:‘为什不自己拿着?这可是你半个月的辛苦劳动才能换来的?’‘因为老师说诚实的孩子才会得到别人的喜欢。’听到我的回答,

厂长拍了拍我的肩膀说:'真是一个诚实的孩子,这钱其实是我故意放在桌子底下的。'

从那天开始,厂长就给我增加了工钱。在以后的几年中,我每个假期都会到那个小工厂打工……"

老板最喜欢什么样的员工?周波已经婉转地告诉了我们。的确如他所言,诚信的员工最得老板的青睐。因为只有诚信的员工,才能时时刻刻将公司的利益放在第一位,才会给老板带来安全感,进而老板才能放心地将公司中的事务交给你来处理。

因此,在职场的道路上,唯有以诚信为根本,才能赢得老板的青睐,才能一步步实现自己的梦想;相反,如果抛弃了诚信,不但得不到老板的重用,还会使自己丧失成功的机会,甚至断送了自己的前程!

赵文涛在大学时是一个品学兼优的好学生,因此,他毕业后顺利地进入到一家国企担任出纳。对这份来之不易的工作,赵文涛分外珍惜,把自己的全部精力都投入到了工作中。

有一次,赵文涛在核对账目时突然发现少了几块钱,他反复核查了好几次,都找不出其中的原因。就在他犯愁的时候,他突然想到了一个好办法。于是,他就随手拿起一张已经报销过的发票来抵充。这样一来,不仅将差的那几块钱补上了,自己还可以将多出来的一部分拿去用。

经过这一次事后,赵文涛心里就产生了坏念头:"这钱来得太容易了,可以就这样攒出一笔钱出国啊。"于是,在以后的工作中,赵文涛经常利用这样的方式帮自己攒钱。他将旧发票重复报销,直接开票提取现金,就这样在短短一年的时间里,赵文涛就帮自己非法占有了3万多元。

但是没过多久,赵文涛的出国梦就被打破了。因为公司的上级部门已经察觉到这一不正常的现象了。在公司的调查下,赵文涛的行为终于被发现了。最终,老板毫不客气地将他"请"出了公司。

赵文涛原本拥有令人羡慕的工作，但在诱惑面前，却将诚信抛至脑后，最终不但实现不了自己的梦想，还亲手断送了自己的前程。因此，任何一位职场人士，要想获得领导的青睐，得到领导的喜欢和重用，唯一的选择就是诚信。

诚信是员工的重要资本，诚信的员工是公司中的财富。员工只有拥有了这种资本，才能赢得老板的信任和重用，从而才能实现自己的理想，成就自己的事业！

4　走向成功的基石

一个成功学大师曾说："当今社会上的人才，按照特征大体上可以分为两类。一是'聪明'型，即高智商、高情商。二是'努力'型，即愿意尽其所能成为顶尖人才。然而，如果没有诚信作为这两项能力的基础，所谓人才也就不再是人才了。"

的确如此，一个人，无论拥有多高的智商、情商，无论付出多少艰辛的劳动，如果没有诚信做基础，就永远不能成为人才。一个人，要想在职场上实现自己的梦想，开创一片属于自己的天地，就必须要以诚信做基础。唯有拥有了诚信这块基石，才能在竞争激烈的职场中站住脚，进而才能实现事业上的成功。

王新宇是一家公司的技术员，在公司这几年中，他将自己的精力全部放在了技术研发上。短短的几年时间，王新宇已经成为公司的技术骨干，深受老板的重用。

后来，在经济危机的影响下，公司的发展日益艰难，一步步走向了倒闭的边缘。在这种情况下，很多员工纷纷跑到老板办公室索要工资，当他们拿到工资之后，就离开了公司。当经理走出办公室的时候，发现偌大的技术部只有王新宇忙碌的身影，他还像往常一样，专心做着自己的工作。"他们都走了，你怎么还不走?”经理走到他身边问道。王新宇笑了笑说:“在这几年中,公司给了我发展的平台,如今公司遇到了困难,我怎么能一走了之呢?”

此后,王新宇和经理并肩作战,经过一个多月的努力,但仍然以失败告终。最后的那一天,经理给了王新宇一张名片,并解释道:“这是我的一个朋友的名片,在知道了你的事情之后,他非常欣赏你的人品,他非常欢迎你到他的公司担任技术主管!”

就在其他同事还在找工作的时候,王新宇已经被老板推荐到另一个公司担任技术主管了。

不可否认,王新宇拥有一定的技术能力,但是如果他没有诚信作为基础,恐怕也很难在短时间内成为另一家公司的技术主管。在职场上,任何一个公司都可能面临着困境,这个时候就是考验员工诚信与否的最佳时刻。此时,也只有诚信的员工才能对公司不离不弃,最终才能赢得领导的青睐。

诚信是人最珍贵的资本,是走向胜利的基石。一个人唯有具备诚信的品质,才能得到他人的帮助,进而实现自己的梦想。同样,对于职场人士来说,唯有坚守诚信,才能得到同事的帮助、获得领导的信任和重用,才能更好的走向成功!

池莉是著名的小说家,也是深受广大读者喜欢的作家之一。

有一次,作家出版社与她签了合约,让她创作长篇小说《小姐,你早》。但是,就在离交稿只剩下十几天的时候,电脑突然出现了故障,已经完成的那十几万字一下子全没了。看到这一情况,池莉无助地坐在电脑旁,“怎么办呢?”池莉一遍遍地问自己。“向出版社说明情况,争取延缓交稿的时间?这样的特殊情况,编辑肯定会理解,也会谅解的。”池莉觉得这是唯一的办法了,但是转念一想,池莉又改变了主意。因为她既然已经答应对方了,就不应该失信于人。

于是,池莉将自己的休息时间减少到最低限度,宁可不休息，也要在规定的时间将书稿交给出版社。通过十几天通宵达旦的努力，书稿终于如期完成了。直到这时，池莉才长长地舒了一口气。在这十几天中，池莉整整瘦了一圈，两只敲键盘的手也将近麻木。后来，出版社知道情况后很是感动，为池莉的守信，也是为她的人格感动。

池莉的成功与她的诚信是有紧密关系的，虽然说她这次的诚信是在她成名之后。但是，如果池莉因此而失信于出版社，恐怕会失去再次合作的机会，从而影响自己的名誉。可见，诚信是每一个成功人士必备的法宝。

诚信是是实现成功的资本、基石。唯有具备了诚信，平凡的员工才能迈向成功；唯有具备了诚信，优秀的员工才能获得更大的成功。反之，如果将诚信抛弃了，也就等于将成功拒之门外。

杨丽丽是一家广告公司新来的员工，她虽然刚刚进入公司没几天，但是凭着自己的交际能力，很快就赢得了同事的好感。因此，大家都非常乐意帮助这位新来的同事。

但是没过多久，很多同事就渐渐地疏远了杨丽丽。原来，同事在和杨丽丽相处的这一段时间中，发现她是一个非常虚伪的人，虽然她说得非常好听，但是对于答应的事情，从来没有兑现过，每次都是找借口推脱。时间越长，大家对杨丽丽的认识越深刻，对她就越是疏远。

一次，领导让杨丽丽为一个企业的产品做一份广告策划方案。杨丽丽接到任务之后，就投入到了工作中，但由于领导给的时间太短，她自己根本无法完成。杨丽丽非常希望得到同事的帮助，但是当她向同事请教的时候，大家都以工作为借口拒绝了。

到了领导规定的时间，杨丽丽的策划方案还是没有一点儿进展。对此，经理非常生气，严重地批评了杨丽丽。

在当今职场上，不乏杨丽丽这样的员工。无论是智商，还是情商，都高人一筹。但是，他们却忽略了诚信的重要性。尽管一时赢得了大家的喜欢，但却经不起时间的考验，终究会受到不诚信的惩罚。如果杨丽丽在平时的时候，能够以诚信为本。那么，当她遇到困难的时候，同事就不会袖手旁观，她自己也不用因此而受到惩罚。

唯有拥有诚信，才能赢得同事的帮助；唯有拥有诚信，才能赢得领导的青睐和重用；唯有拥有诚信，才能一步步攀登上成功的高峰！

5 一点诚信胜于更多智慧

一位记者在采访企业家的时候，问道："如果有这样两个人，你会重用哪一位？他们当中，一位非常有智慧，而且能力超强；另一位则比他逊色，但人品却很好，尤其是讲诚信。""当然是人品好、讲诚信的那位了！"企业家肯定地说道。

正如这位企业家所言，智慧、能力和勤奋虽然是职场人士最珍贵的东西，但是在诚信面前，就会变得苍白无力。在职场中，智慧和能力并不能代表一个人的内在品质；然而，诚信却是一个员工的内在品质的表现，拥有比智慧更大的价值。因为，只有诚信的员工，才能时刻将公司的利益放在首位，才能让老板放心地将公司交给他。

因此，从某种意义上来讲，员工只有将诚信作为自己的准则，才有机会弥补自己在能力、智慧上的不足，才能赢得领导的青睐，从而实现事业上的成功。

胡总是国内某大型企业的老总，一次，他要去美国进行商务谈判，并需要在一个国际性的商务会议上发表演说。这样的谈判不能小看，为了能圆满地进行谈判，胡总的两名得力助手十分忙碌。小张负责草拟演讲稿以及相关的文件，而小赵负责拟定谈判方案。

在胡总出国的那天早上，公司各部门的主管都来为胡总送行，其中一位主管问小张："你负责的文件拟好了吗？"小张仿佛没睡醒的样子，睁开惺忪的睡眼说道："这几天老是赶工，今天也只睡了四个小时，我实在受不了了，就去睡了。那个文件还有最后一点儿，马上就可以收尾了。一会儿趁着胡总在飞机上的时间，我就能将其全部完成，然后再将文件打好，以电讯传过去就可以了。肯定不会耽误胡总的工作，再说了，那个文件是用英文写的，胡总也看不懂，也没法在飞机上复读一遍。"主管听了，非常生气，但也没有其他的办法了。

胡总本来是下午的飞机，小张以为胡总和各主管道别之后就直接去机场了，没想到胡总直接过来找自己了："你负责的那份文件和资料呢？"小张将自己对主管说的话，说给了胡总听，胡总听后脸色都变了："怎么会这样？我已经计划好了利用坐飞机的时间与同行的外籍顾问一起研究文件和资料的，想着不能浪费坐飞机的时间呢，你倒好！"胡总对小张的工作态度很不满意。

到美国之后，胡总与随行人员一起研究了一下小赵提供的谈判方案，整个方案很全面，对对方公司的背景也有详细的介绍，甚至对于如何挑选谈判地点之类的细节问题都有考虑。小赵的方案超过了胡总的预料，随行人员也很满意这样的方案，既完备又有针对性。后来的谈判虽然艰苦，但是因为胡总他们对各种问题都有比较细致的准备，所以最终还是赢得了谈判。

回国之后，胡总对小赵大加赞赏，委以重任，而对小张的态度却是大不如前。甚至，有重要的活动都不再邀请小张参加了。其实，小张与小赵的工作都是与胡总的事务密切相关的，之所以会出现大不相同的结果，就是因为小张没有注意到诚信与责任的重要性，而小赵不仅将自己的责任与诚信充分发挥出来了，还多承担了一部分的责任。

作为胡总的得力助手，想必小张和小赵都非常有能力、有智慧，但仅仅因为诚信这个问题，两个人在胡总心中的地位就发生了巨大的变化。

如果小张能够像小赵一样，坚守诚信，不懈怠工作，就不会耽误胡总的工作，也不会损害自己在老板心中的形象。但是，小张却疏忽了诚信的重要性。殊不知，一盎司的诚信比一磅的智慧重的多！

刘莎莎大学毕业后到一家大型服装公司做设计，对于这份来之不易的工作，刘莎莎非常珍惜。在她刚进公司的时候，刘莎莎不但工作非常努力，还虚心地向每一个人请教。

刘莎莎原本就有极强的专业知识，再加上聪明的头脑，没有多久，就深得领导的重视。慢慢地，刘莎莎就成为了设计组的骨干。一次，公司打算打造一批新款式的冬装，力求突破以往的风格，公司并对这个设计投入了相当大的一部分资金。鉴于刘莎莎以往的表现，经理将这个任务交给了她。面对经理的重托，刘莎莎非常感谢领导对她的重用，并一再向经理保证"我一定会设计出一种新的风格，开启一个新的潮流时代"。

此后的一段时间，为了不辜负经理的期望，刘莎莎将自己的全部精力都投入到设计中，经过两周的努力，终于拿出了最理想的设计方案，并且被公司一致通过。

就在此时，另外一家服装厂的有关负责人找到刘莎莎，对她说："如果你能把你新设计的方案给我们公司提供一份，我们会给你很大一笔酬劳费的。"刚开始的时候，刘莎莎拒绝了，但是后来经不起对方的诱惑，终于在20万支票的诱惑下，将新设计出的方案给了别人。

就在公司正准备生产的前几天，公司发现另外一家服装公司推出了一种新款式的衣服，而这种款式恰好是自己公司设计的款式。老板非常生气，在调查出真相之后，就将刘莎莎"请"出了公司。

刘莎莎原本是一个聪明的人，在短短时间内就赢得了领导的重用。但由于缺乏诚信意识，在诱惑面前没有把持自己，最终致使自己人财两空。因此，在职场中，不论你拥有多么大的能力和智慧，一旦缺乏了诚信意识,都不会得到老板的重用。

如果说智慧是金,那么诚信就是比金子更贵重的钻石。即使智慧、能力不足,但只要拥有诚信,依然会得到老板的重用,进而走向成功。因此,在职场中的每一位员工都应该清楚地认识到:一点点诚信远远胜于更多的智慧。

6 诚信,公司考察员工的第一道防线

众所周知,GE 是世界上最具价值的公司,还是世界上最大的多元化的服务性公司。它为什么会取得如此大的成就呢?有关负责人在谈论这个问题时曾说过:“我们没有警察,没有监狱。我们必须依靠我们员工的诚信,这是我们的第一道防线。”

在当今社会上,诚信不仅仅是员工立足于职场的根本,也成为所有公司考察员工的第一道防线。因为只有诚信的员工,才能将公司的利益放在第一位,才能保证公司的产品和信誉,才能使公司得到更好的发展;否则,就会影响到公司的发展进程。

托马斯·爱迪生在 1878 年创立了爱迪生电灯公司,该公司在 1892 年与汤姆森——休斯顿电气公司合并成立了通用电气公司(GE)。自从 1896 年道——琼斯工业指数设立以来,GE 都始终在指数榜上,成为道——琼斯指数榜上历史最悠久的公司。

通用电气原董事长兼 CEO 杰克·韦尔奇认为在通用的发展中,诚信占据着重要的地位,这在他的自传里有所描述:“我们没有警察,没有监狱。我们必须依靠我们员工的诚信,这是我们的第一道防线。”

诚信主要表现在两个方面,一个是对工作的诚信,一个是对客户的诚信。对客户的诚信就表现在产品上,由于员工们的诚信,GE 的产品一直都是公认的优质产品。而公司内部对员工

的诚信考察制度也是很严格的。公司推出的每一代新产品与服务都必须得到提高。对于员工的考察，最重要的就是表现在对他们的诚信上，对于这一点，公司内部甚至展开了规模庞大、具体细致的6Sigma计划。Sigma是测量100万次谨慎操作中所犯错误的计量单位，1Sigma表示68%的产品合格率，3Sigma表示99.7%的合格率，6Sigma表示99.999997%的合格率。大多数的公司只能达到3Sigma，而要达到6Sigma需要花很大的成本。但是，为了提高客户的满意程度，维护并增强GE产品的信誉，GE做到了6Sigma的标准。

对于员工的诚信程度，GE也有一套奖励机制，即设立绿腰带、黑腰带与黑腰带师三个阶层。不同“腰带”代表参加了不同6Sigma统计学培训的经理。对于诚信员工给予多一些的提拔政策，这样的方式能有效激励员工的诚信意识，以帮助公司赢得市场。

GE之所以能够成为世界上最具价值的公司，主要源于GE贯彻的“诚信”理念，尤其是GE将诚信作为考察员工的第一道防线。正是基于员工的诚信，才拥有了今天的地位。GE对员工的考查方式，也给所有的职场人士上了一堂精彩的课，使他们认识到：诚信之于员工，犹如阳光之于花草，没有诚信的沐浴，就永远无法开出美丽的花朵。

作为一名职场人士，莫不希望得到领导的重用，莫不希望在公司这个平台上大显身手。那么，如何才能经受住职场的种种考验，从而走向成功呢？唯一的答案就是诚信。诚信已经成为公司考察员工的第一道防线，唯有将诚信作为自己恪守的规范，才能经得起职场的种种考验，才能实现最终的成功！

著名的德胜公司，在考察员工的时候向来以诚信作为基本防线。这家公司向员工宣布：新进员工，必须宣誓要“靠近君子，远离小人”。这家企业，永远不实行打卡制度，员工可以随意调休，但在上班时间都自觉地满负荷工作；员工各类报销款项，不必经过主管审批，但需要聆听财务人员宣读关于“诚信”的提示。

在这家公司里，诚信不再是一种虚伪的装饰，而是渗透到每一个员工血液之中的东西，成为公司考察员工的最根本防线。

在当前社会，很多知名企业在选择员工的时候，都把考察的重点从学历、经验上转移到了员工的诚信品质上。在企业看来，只有诚信的员工，才能尽职尽责，才能为自己的工作负责。同样，对于那些已经进入职场的员工，公司仍然把诚信作为考察他们的第一道防线。

因此，任何一名职业人士，不论你从事什么样的工作，也不论你身处何种职务，都要恪守诚信的基本原则。唯有拥有了诚信，才能通过公司考察的第一道防线，才有机会得到上司的欣赏与信任，才能实现自己的理想！

7 诚信助你顺利通过职场浅滩

在职场上，任何一个人都想大显身手，成就一番事业，然而通往成功的道路却不是平坦的。每一位职场人士都会或多或少遇到一些挫折，甚至还会被困在职场浅滩之中。身处如此困境中，如何才能顺利地脱身，进而一步步走向成功呢？

答案非常简单，那就是诚信。当身处职场浅滩、陷入困境的时候，唯有诚信才能给你带来强大的精神力量，才能使你改变跳槽的想法，从而全心全意地投入到工作中。同样，只有拥有诚信，才能得到同事的帮助和领导的青睐，才能顺利地摆脱职场浅滩对自己的困扰。

周磊从国外留学回来，凭着高超的技术进入到一家知名企业工作。在公司中，周磊虽然拥有最高的学历、高超的技术和能力，但是他仍然很努力地学习职业上的技能。因此，在短短三个月中，周磊就成为本部门中的骨干。半年之后，由于业绩突出，周磊被提拔为本部门的主管。但是，周磊在部门主管这个位置上做了很久之后，也没有得到升职的机会。为此，周磊非常着急，对自己的工作也渐渐失去了新鲜感，甚至对待工作的态度也不如以前那样认真了。

在知道公司最近不会有太大的人事变动之后，周磊也渐渐变得消极了。工作上的事情也是能拖就拖，不讲究效率了。即便是已经答应了上司，承诺在某个时间将工作完成，但却消极对待，把工作一拖再拖。第一次，第二次……随着次数的增加，上司对他的印象也渐渐变差了。此时，周磊察觉到了上司对自己的态度转变，于是他就想通过跳槽来改变自己现在的处境。

他将自己的想法说给自己的好朋友听了，朋友听了之后，说道：“你以为你换工作就能解决这个问题吗？换工作只会暂时消除你的烦恼，如果换工作之后又出现这样的情况呢？任何一个人的职场道路都不是一帆风顺的，出现点挫折是正常现象。如果像你一样，一遇到挫折就消极怠工、敷衍工作，你对公司如此不诚实，领导怎么放心将公司中的事务交给你呢？”

周磊觉得朋友的话非常有道理，于是他便积极地投身到工作中去了，他放佛又回到了刚刚来公司的那个时候，积极参加工作，认真地学习公司的职业技能……在他的领导下，周磊所在部门的业绩也呈直线上升，为公司创造出了巨大的利润。同时，周磊发现上司对自己的态度也一天天变好了。

一年之后，周磊还被提拔为副总经理，成为公司中最年轻的高层领导人。

我们经常会遇到周磊这样的现象，尽管自己非常有能力，但是一直徘徊在自己的岗位上，得不到领导的重用和提升。面对这种职场挫折，辞职、消极怠工只会使情况更加糟糕，甚至还会因此而失去工作；相反，如果能够坚守诚信，以刚进公司时的态度来对待工作，就一定能够顺利度过职场浅滩，实现最终的胜利！

在职场的道路上，布满了挫折与阻碍。唯有坚守诚信的原则，才能时刻保持积极的态度，才能傲然面对职场中的不如意，顺利地度过职场浅滩；相反，如果不能够坚守诚信，随意地跳槽或者消极怠工，只会使自己陷入浅滩中无法自拔，甚至被公司淘汰。

张璐是刚进入职场的年轻人，她的工作能力很强，但却一直抱着"骑驴找马"的态度，她只想暂时找一份工作安定下来，等积累到一定经验之后再去找更好的工作。因此，她在对待自己的工作时，经常是马马虎虎，对领导安排下来的工作能拖就拖、能推就推。她经常在上班的时候做兼职、浏览最新的招聘信息等和工作无关的事情，每当上司来到她身边的时候，张璐都快速将页面切换为工作页面。

有一天，张璐正在公司专心致志地做兼职，没有发现老板已经站在了她的后面。过了好久，张璐才发现站在身后的老板，虽然老板并没有说什么，但是对她的态度明显差了很多。此时，张璐发慌了，虽然自己是抱着"骑驴找马"的态度，但是如果失去了这份工作，自己连最基本的生活保障都没了。

经过仔细地分析，张璐决定不做兼职了，一心一意地将本职工作做好。在此后的工作中，虽然老板很少给她安排任务，但是张璐却非常积极，她尽自己所能帮助同事。张璐的改变全被老板看在了眼里，老板对张璐的态度也逐渐开始好转。没过多久，张璐就用自己的努力赢得了老板的信任。

在职场上，有许多张璐式的员工，抱着"骑驴找马"的态度步入职场，从而无法将自己的全部精力投入到工作中，这种不诚信的态度必然会给自己的职场道路带来障碍。然而，当这种变故突然出现时，并非所有的人都能像张璐一样，用自己的诚信挽回领导对自己的信任，挽回自己的职场生涯；还有一部分人无法认识到问题所在，最终使自己困在职场浅滩中无法自拔。

在职业道路中，布满了挫折和坎坷，要想越过重重挫折，攀登上成功的高峰，唯有坚守诚信，利用诚信这个法宝，才能顺利度过职场浅滩，才能采撷胜利的果实！

8 当金钱与诚信背道而驰

对于职场人士来说，诚信是其立足的根本、取得成功的重要资本，是职业人士必备的最基本的道德素质。然而，职场又是一个充满诱惑的场所，当金钱风暴袭来，如何处理不知所措的诚信呢？

在金钱风暴中，总有人会经不住诱惑，将诚信抛到脑后，做出有违公司利益的事情；当然，还有很大一部分人能够保持清醒的头脑，不为金钱所诱惑，将诚信坚持到底。无数的事实证明，唯有抵制住金钱的诱惑，恪守诚信的基本原则，才能赢得领导的信任和重用，才会一步步走向成功；相反，那些在金钱风暴中迷失的人，却会因此无法找到成功的方向。

不久前，杨凡辞职离开了自己奋斗四年的公司。看着杨凡离开的背影，同事们都很疑惑，“他在公司奋斗了这么久，如今已经被提拔为业务副经理了，为什么会突然离去呢？”“会不会是遇到了更好的前途了呢？”……同事们议论纷纷，但是没有一个人明白他离去的原因。

辞职这几天，杨凡非常苦闷，常常借酒浇愁。一次，他喝得酩酊大醉，对妻子说道：“你知道我为什么要辞职吗？”“不知道。”妻子回答。“因为我犯了一个错误，一个一辈子都无法抹去的错误。我为了一点儿利益，出卖了自己的良心，出卖了做人最基本的道德。”杨凡醉醺醺地说道。

事情原来是这样的：杨凡在做业务副经理的时候，曾经收到一笔款子。正当他要记账的时候，业务经理走过来说：“小杨，这笔款子可以不记账了。”“不记账？那怎么行呢？”杨凡疑惑地问道。业务经理没有直接回答，只是笑着说：“以前大家也这么做过，没什么关系的。”说着，将一张2万的支票递给了杨凡。杨凡虽然觉得不妥，但是看了看眼前的支票，也就没有拒绝。

但是，没过多久，业务经理就离开了公司。看到经理离开了，杨凡才放下心来，觉得公司中再也没有人知道那件事情了。就在杨凡得意的时候，董事长却发现了这笔款子的来龙去脉。

在董事长得知整个事情之后，他什么也没说，既没批评杨凡，也没有辞退他。但是杨凡明显感觉到董事长对他的态度发生了变化。于是，他只有离开了公司。

面对突如而来的金钱诱惑，杨凡没有把持住自己，在金钱风暴中迷失了方向，错误地将诚信抛之脑后，虽然只是一点点儿蝇头小利，却葬送了杨凡的前程。在职场中，很多员工都会遇到这样的事情，如果不能正确地抵制诱惑，势必会失去老板对自己的信任，从而使自己丧失美好的前程。

在当今社会，职场上布满了陷阱和诱惑。面对着金钱诱惑，许多员工无法保持清醒的头脑，一时陷入到诱惑的漩涡之中，从而亲手断送了自己的前程；相反，如果能恪守诚信的做人原则，不为眼前的诱惑所迷失，才能够赢得老板的青睐，才能实现自己的理想！

杨军是一家大型公司的技术经理。他来公司已经整整五年了，在这五年中他精心钻研有关技术，从一个小技术员渐渐地成长为部门经理。杨军虽然学历不高，但却深得老板的厚爱。

最近，公司正欲与另外一家公司合作研发一项技术，老板将这个任务交给杨军负责，并特意嘱咐他好好做。之后的一个下午，合作公司的有关负责人请杨军吃饭，几杯酒下肚之后，那人一本正经地对杨军说："最近我们正合作的那个项目，如果你能把相关的技术资料提供给我们一份，将会对我有很大的帮助。"

"这样不好吧！这涉及到公司的机密，我是不会出卖我们公司利益的！"杨军愤怒地说道。

"放心，我是不会亏待你的！"那人说着将一张50万元的支票递了过去，"这件事情只要我们不声张，就没有人会知道的……"

没等他说完，杨军就愤怒地站了起来，就在他转身准备离去的时候，那人却笑了出来，说道："真是好样的，你们老板真是没看错人!”

没过多久,杨军的老板就听说了这件事。此后,老板更加信赖杨军,而杨军在公司的地位也日益上升。

面对如此大的诱惑,杨军却能保持清醒的头脑,仍然忠诚于原来的公司,他正是用自己的诚信赢得了合作人的尊重和领导的重用。在当今社会,竞争日益激烈,职场上也充满了种种诱惑,若禁不住金钱的诱惑,必然会成为金钱的奴隶,事业的失败者。因此,唯有恪守诚信,不被金钱诱惑所迷失,才能真正赢得领导的信任和重用。

在当今职场中,无时无刻不存在金钱利益诱惑,若不能保持清醒的头脑,就会在金钱利益中迷失自我,进而断送自己的前程。因此,每一位员工都必须清楚地认识到:金钱固然重要,但却不是员工的唯一追求,当金钱诱惑风暴来袭,唯有恪守诚信,才能赢得成功!

第三章　职场多坎坷，诚实为你铺路

职场道路崎岖坎坷、风雨交加，难免会受到打击。但是，只要恪守诚信，就一定能够走向胜利的彼岸。正在职场中挣扎的人，不妨用诚信为我们保驾护航，让诚信引导我们一路走向辉煌。

1 你为谁而诚信

一位员工在谈到诚信时说:“员工诚信与否,最大的受益者就是公司。而对自身的影响却是微乎甚微……”那么,真如这位员工所言,诚信对自己就没有一点好处吗?

其实则不然,诚信固然能够在很大程度上保证公司的利益,但是最重要的却是对员工自身的影响。如果没有员工的诚信,企业在受到损害的同时,员工也失去了发展的平台和机会,即便是拥有过人的能力和技术,也无法实现自己的事业理想。

众所周知,诚信是员工在职场上立足的根本,是他们的第二张“身份证”。唯有讲诚信的员工,才能在职场中占据一席之地,才能赢得更多的发展机会,进而才能一步步走向成功;反之,一个不讲诚信的员工,即便是拥有过人的能力,也不会得到领导的青睐,从而无法展现自己的才能。因此,员工才是诚信的最大受益者,我们在为自己而诚信!

王涵和哥哥王雨是一家码头上的工人,他们平时的工作就是看管仓库以及缝补篷布。刚开始的时候,兄弟二人工作都非常认真。但是没过多久,哥哥王雨就厌烦了这个工作,每次缝补篷布的时候,总是敷衍了事。而王涵却恰恰相反,依然特别认真,有时看到哥哥扔下的碎布、线头,他都会将其捡起来,留着备用。为此,王雨常常责备他:“你管那些做什么,又不是咱家的东西。你对公司那么实在,公司又不给我们好处!”听到哥哥的批评,王涵嘿嘿一笑,但仍然做着自己的事情。

一天夜里,风雨交加。王涵醒来后,就担心篷布有没有被风掀起。于是,他套上雨衣,拿了个手电筒就出门了。哥哥王雨看见弟弟冲出了屋门,骂了一声“傻瓜”,又转身睡了。

王涵仔细检查了一遍,才放下了心。就在他准备回屋的时候，发现仓库旁边还有一堆货，来不及思考，王涵就将其一一搬进了仓库中。

就在他马上就搬完的时候，他看见老板带着几个人跑了过来。当老板走近一看，才舒了一口气，并拍拍王涵的肩膀，说了声："做得非常好！"

后来，王涵逐渐得到老板的重用，而哥哥王雨却一直还在做原来的工作。

王涵没有什么特殊的技能和本领，唯一拥有的便是自己对公司的那份忠诚。尽管他没有为公司带来多大的经济利益，但把自己的诚信融入到平时的工作中，也正是因为如此，他才得到了老板的肯定；而哥哥王雨，却恰恰相反。

我们为谁而诚信？这是一个值得员工深思的问题，如果王雨能够想明白其中的道理，想必就能换一种态度对待工作。在职场上，员工才是诚信的最大受益者。员工只有以诚信为纲，时刻将公司的利益放在首位，才能实现自己的利益；否则，只会使自己陷入职场困境，从而丧失发展平台和机会。

小汪和小夏是同事，最近他们公司有一个很重要的岗位需要从公司内部选择一个员工作为负责人。经过层层选拔，最终只有小汪和小夏入选。但是，小夏的业绩和能力明显要高于小汪。因此，在同事们看来，小夏无疑是最佳人选。

然而，公司的结果却让大家和小夏大吃一惊。原本占有优势的小夏却输给了小汪，这其中的原因让小夏疑惑不解。为此，他打算找经理问个明白，可是当他看到经理手中的发票时，他惭愧地低下了头。

原来事情是这样的：上个月，小夏到上海出差，由于事情办得非常顺利，提前两天就完成了任务。小夏看到还有两天时间，就约在上海工作的同学一起出去玩。在这两天游玩中，都是小夏出的钱，理由就是可以报销。回到公司之后，小夏将发票给了财务处，然后一一报销。

小夏原本以为这是件非常小的事情，不会影响他在公司的地位。殊不知，公司在偶然间知道了这一事情之后，断然取消了他的升职资格。

小夏就因为这一次的不诚信，毁掉了自己升职的机会。尽管小夏认为这只是一件无关紧要的事情，但却严重阻碍了自己的职场之路。如果小夏能够明白自己才是诚信的最大受益者，想必就不会做出这样的事情来。

在职场上，如果每一个员工都能扪心自问“我为谁而诚信？”就一定能够明白其中的涵义。

2 自己才是诚信的最大受益者

在现实生活中，我们经常会遇到这样的事情，不妨先来看一个故事：

一个人去菜市场买菜。卖菜的人说出了一个很高的价位，而且这样的价位显然不合适。双方经过多轮的讨价还价，终于说好了一个双方都满意的价钱。但是，就在卖菜的人将菜放进秤盘准备称重量的时候，买菜的人发现菜很多水，于是就将菜里面的水，甩到自己认为很干的程度。这样，菜就没有刚开始时那样重了。

而卖菜的人此时又将菜放进秤盘去称，而买菜的人怕他缺斤少两，于是拿出自己早就准备好的秤又称了一遍。这时，卖菜的人又说了：“价钱不好算，再加一点凑个整数吧。”于是，菜又比刚开始时多了一些。买菜的人回家之后，对自己的精明暗自窃喜不已。但是，当他将菜打开之后才发现，菜只有表面上是新鲜干净的，里面全是又老又黄的烂菜。非常生气，但是很快就又恢复了平静：“幸亏我给他的钱是假钱，不然今天亏大了。”

相信很多人在看完这个故事之后，都会发出这样的感慨：这两个人太虚伪了，双方都不讲诚信，才导致了这种结果。

在现实生活中，不乏故事中这样的人，为了自己眼前的那点小利而将诚信抛之脑后。试想之，如果人人都不讲诚信，那么整个世界就没有真实可言。这样一来，自己最终还是要受到不诚信的惩罚；相反，如果人人都能讲诚信，不被眼前的利益诱惑。那么，最终还会成为诚信的最终受益者。因此，诚信不是为了别人，自己才是诚信的最大受益者。

同样，对于职场人士来说，只有恪守诚信的原则，自觉抵制外来的诱惑，用自己最真诚的良心对待企业，那么企业在发展的同时，也会为自己提供更好的发展平台和机会，从带给自己更好的职场发展前景；反之，不讲诚信的员工只会给自己的职场发展设置障碍，不但不能攀登上成功的高峰，甚至还有可能使自己无法立足于职场。

有这样一个故事：一个在日本的中国留学生，学习之余在一家餐馆洗盘子。日本老板告诉他，在日本，所有的盘子都要洗七遍，这是规矩。刚开始，这位留学生还是遵从老板的说法，将盘子洗了七遍，但是后来为了提高效率，只将盘子洗了五遍，这样做之后自己洗盘子的速度比别人高了很多。而且，在他看来，洗过七遍的盘子和只洗了五遍的盘子根本就没有什么区别。由于工作效率比别人高，所以他得到的工钱也比别人多，还受到了老板的夸奖。

但是，有一天老板拿着专用的试纸来抽查盘子洗得是否合格，是否干净。到他的盘子时，试纸显示他的盘子洗得并不干净，就问他是怎么回事，他将自己只洗了五遍的事实告诉了老板，并说出了自己的想法："洗五遍与洗七遍并没有什么差别啊，只要洗干净了不就行了吗？为什么非要洗七遍呢？"老板说："洗五遍与洗七遍有本质上的区别，同时也说明了你不是一个诚实的人，请你离开。"

在他离开这家餐馆之后很长一段时间里，他都没有找到别的工作,别的餐馆拒绝他的原因就是他不诚实。甚至在后来,学校也知道了他不是一个诚实的人,也要他转学。最后这位留学生迫不得已只好转学回国。回国后的他常常这样叮嘱自己要去日本的朋友:"在日本洗盘子,一定要洗七遍啊!"

如果这位留学生能够按照老板的要求,将盘子清洗七遍,那么,他就不会拥有这样遗憾的结果。然而,留学生并没有恪守诚信的原则,从而使自己受到损失。在职场中,不乏这样的员工,他们随意地将诚信抛在脑后,甚至为了蝇头小利,出卖公司的机密。这样的员工,最终都会受到不诚信的惩罚。

如果员工能够认识到自己才是诚信的最大受益者,在工作中时刻以诚信为自己的活动原则,就一定能够获得同事的帮助、领导的青睐,从而获得更大的利益。

有一个记者出国采访,回国之前在某名牌相机专卖店买了一部相机。回到国内,打开相机的包装盒才发现原来里面装的不是相机,而是店里用来当做摆设的模型。记者很生气,没想到这么大的公司还会做这样的欺骗消费者的事。于是,写了一篇批评该公司的评论稿,准备第二天就发回报社。但是,第二天一大早他就被一阵阵的敲门声弄醒了,开门一看原来是昨天卖给自己相机的售货员。

售货员向记者说明了自己的来意,并对记者道歉,说明是自己工作上的疏忽,将模型相机错当成真的相机给了记者。记者问他是怎么知道自己住在哪里的,售货员说道:"我下班之后在核对今天的销售额的时候,突然发现将样品卖给了您,马上报告给公司,公司根据您留下来的资料,连夜向各酒店、机场出境处等地联系,才找到您的住址。于是,我就坐今天早上最早的那班飞机飞过来找您,真是对不起,给您带来麻烦了。"

在记者将售货员送走之后,也将头天晚上写好的批评稿,改成了表扬稿,并发表了。因为这篇表扬稿,公司的业务量大大增加，公司的领导也因此对这名诚信的售货员给予了表扬。

在很多时候，员工对顾客的诚信也是员工对公司诚信的表现形式。试想之，假如售货员是一个不讲诚信的人，那么她就不会千里迢迢地找到记者。这样一来，她所在的公司肯定会因为记者的批评稿而受到不良的影响。那么，这位售货员就会面临被公司开除的危险。但是，她并没有这样做，她的诚信不仅为公司挽回了声誉，更为自己带来了相当大的利益。

因此，任何一位职场人士都必须清楚地认识到：自己才是诚信的最大受益者。唯有恪守诚信的原则，才能获得更高、更宽广的发展平台，才能拥有更多的成功机会！

3　为自己而工作

“给公司干活，为老板创造利润”“用自己的劳动为老板赚钱”……在职场上，很多员工都曾有过这样的想法，他们认为自己在为老板、上司工作，因此他们不会将自己的全部精力放到工作中，更不会以诚信的态度对待工作。大量的职场事实证明，凡是抱有这种想法的员工，最终都会在自己的抱怨中被公司淘汰。

那么，员工究竟是在为谁而工作呢？答案就是自己。一个员工只有明白这个道理，把工作看做成自己的事业，才能改变自己对待工作的态度，才能取得很大的成就。对此，比尔·盖茨曾说过：“如果把工作当成一种差事，或者只将目标停留在工作本身，那么即使是从事你最喜欢的工作，你依然无法持久地保持对工作的激情。如果把工作当做一项事业看待，情况会完全不同。”

任何一个员工，只有把工作当做自己的事业，才能时时以诚信为活动的原则，才能时刻维护公司的利益。

日本的伊藤社长曾经接受了美国油料公司订制300万套餐具刀叉的合同，其交货日期是8月1日。为此，伊藤联系了好几家厂商来生产这批刀叉，但是这些厂商因为种种原因，一再误工，预计生产完这批刀叉最早也要等到7月27日。但是东京到芝加哥路途遥远，要是海运，到8月1日肯定交不了货。如果空运的话肯定能按期到达，但是对公司来说肯定会有很大的损失。

这时伊藤面对的是两难的选择，一边是可能给公司带来的损失，一边是自己的信誉。经过再三考虑，伊藤还是选择了租用泛美航空公司的波音707货运机，花费了30万美元的空运费，将货物及时运到。

这样的选择对伊藤产生的损失很大，但是他赢得了美国油料公司的信任。在以后的几年里，美国油料公司每年都会向他们订制大量的餐具。公司的领导知道这件事情之后，不但没有怪他自作主张，反而表扬了伊藤，并对他加以重任。

事后，当其他同事问他为什么这样做的时候，伊藤说道："做人要讲诚信，不能因为这是公司的事情就不诚信，要明白，工作是为自己做的，工作效率的好坏与自己是直接相关的。而且，讲诚信会给公司带来更多的发展空间，只有公司有发展空间了，我们员工才会收到利益。讲诚信其实不光对公司有好处，对我们自身也有好处。"

伊藤就是因为对工作讲诚信，将工作看成是自己的事，而尽心尽力地去做。他的这种做法虽然表面上使公司有了一定的经济损失，但却给公司带来了更长远的利益，而伊藤自己也恰恰因为这件事受到了领导的表扬和重任。可见，员工只有树立"为自己工作"的意识，才能时刻以公司的利益为重，才能为公司创造更多的价值，从而实现自己的成功！

端正自己的态度，将工作看成是自己的事业，才能激发员工的诚信意识，进而使员工全心全意地投入到工作中，最终推动自身和公司一同向前发展。

汪洋研究生毕业之后，因为人才市场的饱和，汪洋奔波了大半年都没有找到合适的工作。无奈之下，不得不栖身在一家汽车发动机的制造厂。初到公司，汪洋被安排到技术部门。在整个技术部中，汪洋的学历最高，但薪水却是最低的。对此，汪洋一点儿也不在乎，他十分珍惜这来之不易的工作。

尽管很多人都觉得汪洋太屈才了，但是汪洋却十分喜欢自己的工作。在刚来的几个月中，汪洋不但工作努力，还积极地向身边的同事学习。之后，汪洋的能力一步步展现出来，在他的建议下，公司推行了技术改革，利润倍增。而汪洋也因此得到领导的重用，被提拔为技术部的主管。

一次，公司订购了一批新设备，派汪洋去查看、验收。当汪洋刚刚走进生产设备的公司时，该公司的负责人便将他请进了屋中，在一番寒暄之后，将一张 20 万元的支票递了过去，并补充道："这是我们公司的一点儿小意思。"顿时，汪洋明白了其中的含义，他拒绝道："我不会收你们公司的钱。我既然来验收设备，就一定要保证设备的质量。我既然是公司的一员，我就要为自己而工作，不会随意懈怠工作。"说完之后，汪洋就出去检查设备了。

果然如汪洋所料，新设备中存在很多质量问题。于是，汪洋立即回到公司，将有关的信息向领导一一说明。

事后，领导在一个偶然的机会知道了汪洋拒绝支票的事情。从那以后，领导就更加信任和重用汪洋了。

汪洋正是因为树立了"为自己工作"的理念，才会处处为公司的利益着想，才会建议领导推行技术改革，为公司增加利润；才能使其在面对利益诱惑的时候，始终恪守诚信的原则，将公司的利益放到第一位。也正因为如此，汪洋才赢得了领导的信任和重用。

无论身处何种岗位上，都应该首先明确工作的态度。因为只有拥有了正确的工作态度，才能用诚信的态度对待工作，才能时刻将公司的利益放在第一位，最终推动自己和公司共同向前发展。

4 尽职尽责才能做到尽善尽美

在调查中发现，诚信的员工能够认真地对待自己的工作，把工作当成是自己的责任；而不诚信的员工，则是敷衍了事。

众所周知，工作本身就是一个繁杂的过程，并且还可能会遇到很多困难、问题，只有诚信的员工，才能担负起工作的责任，进而将自己的精力全部投入到工作中，最终将工作做到尽善尽美；而不诚信的员工，则是想尽一切办法推脱责任，最终使工作无法完成。

因此，从某种意义上来讲，能否担负起工作中的责任，不仅仅是诚信与否的表现，更是成功者和失败者之间最大的差别。

从前，一个商贸公司想从员工内部提拔一位职员担任一个重要部门的主管。于是就想到了一个考察员工的办法：让他们去市场调查一下某个商品的数量以及价格。

过了10分钟，第一个员工回来了，他没有亲自去市场，只是在公司附近了解了一下情况。

半个小时之后，第二个员工回来了，他去市场了解了这一商品的数量与价格。

两个小时之后，第三个员工回来了，他不但了解到了市场上这种商品的数量与价格，还对商品的质量进行了比较，并根据公司的采购需求，把自己认为最有价值的商品做了记录。甚至他还去了老板没有要求的别的市场，对两个市场的同种商品进行了比较，并取得了市场负责人的联系方式。

最后，老板选择了第三个员工，第一个员工不服气地说道："他回来得最晚，说明他没有工作效率，您真的认为这样一个没有工作效率的人能够担任如此重大的职务吗？"老板对于第一个员工的问题给出了自己的回答："他虽然是最后一个回来的，但是他却是最尽职尽责的一位，也是将这件事做得最完美的一位。你们虽然回来得早，但是没有将工作做到位。比如说，你是第一个回来的，但你却是敷衍了事，根本没有将工作放在心上；第二个员工只是稍微比你强一点，但是对待工作还是不够负责，没有将工作完美地完成；只有第三个员工，他对待工作的态度非常负责，正是因为他的尽职尽责，才将工作完成得最完美。”

听完老板的解释，第一位员工终于明白了，原来只有尽职尽责的员工，才能得到老板的欣赏。

在职场上，有很多类似第一种员工的人，他们对待自己的工作总是敷衍了事，不会为工作投入过多的精力。这样的员工即使拥有很强的能力，也不会得到上司的认可与重视；相反，只有那些对待工作尽职尽责的人，才会得到上司的认可，并最终为自己赢得不断进步与发展的机会。

在工作中，只有保持尽职尽责的态度，才能收获到尽善尽美的结果，进而才能赢得领导的重任。同样，从领导的角度来说，任何一个企业领导者都喜欢尽职尽责的员工，因为只有诚信的员工，才能将公司的事情作为自己的责任，才能让领导放心地将工作交给他。否则，就等于在自己的公司放了一颗炸弹，随时都有可能将自己的公司毁灭。

小刘进公司已经三年了，在这三年里小刘对待工作的态度都是认真、投入、尽职尽责的。几乎每天都是按时上下班，从来没有迟到早退过，也没有被上司批评过。

上个月，他的上司到别的公司去了，公司决定从小刘他们部门挑选一个人作为接任者，小刘满有信心地认为接任的会是自己。但是人事部的结果却是让刚进公司的小黄接任。对此，小刘感觉十分委屈，他觉得自己已经在公司工作了这么多年，况且自己一直很努力地工作。即便是从资历上来讲，这次升职的机会也应该是自己的。于是，他决定找老板问个明白：“李总，我在公司已经干了三年多了，而且在这期间没有做过什么不好的事。对自己的工作也是尽职尽责。但是，现实的情况是我受到了忽视，小黄刚来公司不久，就有了升职的机会，我觉得不公平。”

老板听了小刘的话之后，并没有正面回答他的问题，而是对他说：“这个问题我们等一下再说，你现在能帮我一个忙吗？公司明天要开会，需要一些水果，街道拐角处有一家水果店，你能帮我买一点橘子回来吗？”

小刘出去没一会儿就空着手回来了，老板问道：“没有橘子了吗？”小刘回答道：“我去过那家店了，橘子卖完了。”

老板接着打电话将小黄叫过来了，将对小刘说的话跟小黄又说了一遍。过了将近10分钟，小黄回来了。老板问他：“怎么样啊？”小黄回答道：“那里的橘子卖完了。但是还有香蕉、木瓜、甜瓜、芒果，这些都够明天全体同事开会时吃。香蕉的价钱是2.5元一斤，芒果是4.5元一斤，木瓜和甜瓜都是3.5元一斤。我告诉店主说我们要买的很多，他说可以优惠8%，我先预定了香蕉，不过如果还需要别的水果的话，我可以再回去一次。”

听了小黄的话之后，老板将头侧到小刘那边：“刚刚你是想和我说什么事的啊？”“没什么，我感到很惭愧。”

在职场上，唯有像小黄这样的员工，在工作中保持尽职尽责的态度，才能将工作做到完美，才能赢得领导的青睐。否则，只会像小刘那样眼看着别的同事升职，而自己只能原地踏步。

步入职场后，每一位员工都希望获得更好的发展平台，都希望在这个平台上展现自己的才华。那么，唯一的方法就是用尽职尽责的态度，将工作做到尽善尽美。否则，如果是抱着“还行”、“凑合”的敷衍态度，就永远不会得到领导的认可，成功也就无从谈起！

5 保守企业的秘密

在当前职场中，随着竞争的日益激烈，越来越多的不正当竞争手段出现了。一般说来，无非是运用一些颇具诱惑力的事物去诱惑对手公司的员工，从而达到自己的目的。那么，在这种情况下，职场中的你应该怎么做呢？

无可否认，这是检验员工是否忠诚的最佳时刻。在利益的诱惑下，一部分员工就会将诚信抛之脑后，昧着良心将公司的机密泄露出去，成为公司中的“罪犯”。这样的员工，虽然会暂时得到一丁儿点的好处，但却会因此丧失立足职场的根本，亲手断送自己的前程。严重的，甚至还会受到法律的追究。

然而，还有很大一部分员工能够时刻保持清醒的头脑，恪守诚信的原则，对公司的机密守口如瓶。这种经得起诱惑考研的员工，必将会得到公司和领导的重任，从而为自己赢得更多的发展机会。

王刚是一家家具公司的家具设计师，他所在的公司规模非常小，并且刚刚从经济危机中艰难地走出来。同时，还必须迎着来自对手A公司的竞争压力。可以说，王刚所在公司的处境相当艰难。

一天晚上，对手A公司的设计总监找到王刚共进晚餐。饭桌上，那位设计总监对王刚说：“我看你的公司快要破产了，你不如将你们公司的创意交给我，我们会给你丰厚的报酬，你看怎么样？”王刚听了对方的话之后，很生气：“不要再说了！我们公司是效益不好，甚至快要倒闭了，但是我绝对不会出卖我的良心做这种见不得人的事。我是不会答应你的任何要求的！”当王刚愤怒地说完这些话后，那位设计总监不但没有生气，反而还颇为欣赏地拍了拍王刚的肩膀。

没过多久，王刚的公司就因经营不善破产了，王刚也因此而失业了，就在王刚失去工作没多久，就接到了A公司总裁打来的电话，让他去一趟总裁办公室，总裁想见他。

王刚带着疑惑走进了A公司总裁办公室，而该公司总裁热情地接待了他，并拿出了一张非常正规的大红聘书——请王刚担任公司的设计总监。

王刚被这出乎意料的一幕惊呆了,喃喃地问道:“你为什么这么相信我?”总裁回答道:“因为你是一个经得住诱惑的人,我非常欣赏你对公司的忠诚。况且,你的能力也是出了名的。如此有能力、讲诚信的员工,正是我们公司所需要的人才。”

王刚很感激总裁对自己的信任,在以后的工作中通过自己的积极与努力,使自己的业务水平得到了提高,为公司也为自己创造出了更多的价值。

面对巨大的诱惑,王刚依然恪守诚信,不为诱惑所折腰。也正是他的这种精神,才赢得了总裁的尊重,才为自己赢得了成功的机会。反之,如果当时王刚接受了对手的条件,不仅会让对方看不起,也会使自己背上不诚信的包袱,从而为自己的成功之路设下障碍。可见,保守公司秘密不仅是员工最基本的职业道德,也是员工驰骋职场的法宝!

保守企业秘密是每一个职场人士都应该具备的最基本的道德素质。对于自己不该知道的,就绝对不要去打听;已经知道的,就要守口如瓶。因此,作为一名职业人士,平时一定要注意自己说出去的话,以免泄露了公司的机密。否则,不管是有意的还是无意的,都要受到公司的惩罚,甚至法律的制裁。

最近有一件事困扰着小莉,就是自己莫名其妙地就出卖了公司的机密,这让她很想不通。小莉是一家咨询公司的前台,对于公司的机密知之甚少,知道的信息也不是很多,最多也就是某位同事又去某个地方出差了,要订什么机票;哪家企业要来公司访问,要订什么餐厅和宾馆之类的小事。但是就是这些不起眼的小事中,小莉却泄露了公司的重大机密。

事情是这样的:一天,小莉和朋友一起吃饭,朋友给她介绍了一位朋友,是一家研究所的研究员。出于礼貌,研究员问起小莉的工作情况,并顺便问了一下小莉公司的情况。小莉为了表现自己公司是一个有实力的大公司,就顺口说出了几个客户的名字。就是这几个客户的名字让小莉成了泄露公司秘密的人，研究员听了之后开始调查，最后将小莉他们公司快要谈好的一个项目搅黄了，自己公司与对方谈成了。

眼看着快要谈好的项目被别人抢走了，小莉他们公司的老板很生气，结果查下来发现是小莉的错。但是，鉴于她是无意的，就没有辞退她，只是取消了她的年终奖和工资晋升的机会。

出了这样的事情之后，小莉才知道原来泄露公司秘密不只有携带客户资料离开公司那一种做法，再说话的时候就变得谨慎多了，不该说的话坚决不说，因此也再没有出现过类似的情况。

或许很多人会为小莉感到遗憾。小莉虽然不是故意泄露公司的机密，但是却给公司造成了一定的影响。因此，在职场中，作为一个诚信的员工，不单单要经得起诱惑，还要时刻注意自己所说的话。切不可因为自己一时大意给公司带来损失，从而也影响到自己的利益。

职场是一个充满诱惑的场所，也是考验员工诚信的最佳时刻。面对利益诱惑，很多员工都能够保持清醒的头脑，坚守公司的机密。但是，一旦遇到同学、朋友的时候，心中的防线就会降低，从而在无意中将公司的机密泄露出去。

在罗斯福担任美国海军助理部长的时候，有一天，他的好朋友来拜访他。两个人非常愉快地聊天，聊着聊着，朋友就问了罗斯福一个机密性的问题。朋友一再表示："我只想知道我所听到的传闻是否确有其事？"

面对朋友的提问，罗斯福向四周看了一下，压低嗓音问朋友："你能对不便外传的事保守秘密吗？"朋友连忙回答道："能！"罗斯福笑着说："很好，我也能！"

如果大家都能像罗斯福一样，运用一种巧妙的方式避免泄露机密，那么就不会在无意中将公司的机密泄露出去。

总之，在当前职场中，唯有经得起各种诱惑的员工，才是一个真正有道德的人。也只有这样的员工，才能得到领导的喜欢、信任和重用，从而为自己赢得更多的发展机会。

6 求真务实地工作

求真务实的工作态度，就是要求员工以实事求是的态度来对待工作、处理工作上的一切事务。尤其是在当前职场中，求真务实的工作态度比虚荣、浮躁、偏执和嫉妒等更能得到领导者的欢迎。

求真务实是每一个职场人士都应该具备的敬业精神，也是员工诚信的一个表现形式。只有诚信的员工，才能以求真务实的态度来对待工作，从而才有可能得到领导的欢迎。

王涛是一家模具厂的部门负责人，前两天有一位客户找到他，希望能尽快与他合作："我们公司最近需要你们公司帮助做一批产品，因为我们的供应商说500个产品他们20天就能做完，可是现在只剩下5天了，才做了300个，而我与客户是签了合同的，说是20天交货。所以想看一下你们公司是不是能帮助我完成这个任务？"王涛的公司最近也很忙，客户的货物也是急着要，仔细算了一下，对那位客户说道："我们最近也还有别的货物要赶，也很忙的，我刚刚算了一下，最快的话5天也只能完成100个，做不了您要求的那么多。要不，您再找找其他的公司，看行不行？"

听到王涛的说法，很多同事觉得他真傻，到手的生意岂不是要白白飞走？这样一来，肯定会遭到老板的批评。但是王涛却不这么想，他认为5天也只能做100个，否则就会因为赶工而无法保证质量。最终，王涛接了订单，并按时生产出了100个模具。

半个月后，那位客户又来到了王涛所在的模具厂，他非常感激地对王涛说："上次那批货最后还是如期到达了客户那边，客户也很满意。我今天还想再你们这边订购500个，上次你们公司做的那些很好，你也没有因为我着急就虚报数量，这样的做事态度我很满意，希望以后还能有更多的合作机会。而以前合作过的其他公司不会按时完成工作，让我这个中间人很不好做。"

事后，王涛的老板也听说了这件事，他不但非常赞同王涛的做法，也更加信任、重用他。

因为实事求是的工作态度，王涛赢得了客户和老板的信任。求真务实工作，既是一种敬业精神，也是员工对公司诚信的一种表现。任何一位员工，只有具备了这种意识，才能在工作中崭露头角，才会赢得更多的发展机会。

要做到求真务实的工作，就必须要在工作中做到实事求是。在对待工作的时候要一丝不苟、认真地将其完成，只有这种实事求是的员工，才能赢得更好的发展平台，得到更多的发展机会！

周林是刚毕业的大学生，还没毕业时就开始找工作。校园招聘会上他也是一下子投了十几分简历，每天忙于各种各样的面试。

周林在面试时无论遇到什么情况都始终保持实话实说，这样的心态让他赢得了一个知名企业的青睐，要知道这家企业的要求是非常高的。为此，很多同学都想知道周林是如何打动面试官的。针对同学们的问题，周林解释道："也没有什么秘诀，就是在面试时不要紧张，要说实话。在回答问题时说清楚理由，那种问题没有正确的答案，只是考考思维能力的。但是，在碰到那些发散思维的题目时，所有人都会想办法证明自己，这时更应该说实话，将最诚实、最没特色的话说出来甚至会引起面试官的注意。因为他们想要的不是一个浮夸、高谈阔论的人，而是一个踏实的员工。总之一句话，面试的时候一定要保持务实的心态。"

在职场中，求真务实的精神是每一位员工必须具备的基本道德素质。

尤其是对那些初涉职场的人来说，求真务实的工作态度远远比自己的能力更为重要。因为只有具备了这种品质，才能获得领导对自己的肯定，从而使自己在职场中占据一席之地，并获得更好的发展平台。

小张是刚刚进入销售行业的新人，因为是新员工，所以小张在工作的时候非常认真，不论客户有没有意向，小张都会认真地接待。然而，部门中的老员工却不是这样，他们看到没有意向的客户，总是漫不经心地敷衍。因此，老员工都说小张太傻了，认为小张这种工作态度不仅让自己累，而且还做不出多少业绩。面对着同事的议论，小张总是一笑了之。

但是，最近发生了一件事，让大家对小张的态度发生了180度的大转变。事情是这样的：小张所在公司要去参加竞标，可是公司的竞标书已经发出去三天了，也没有得到一点儿回音。为此，公司的同事都放弃了努力，他们都认为自己公司已经失去资格了。在这时，只有小张一人还没有放弃，他运用一切办法和有关负责人取得了联系。但是，负责人却推脱道："标书已经发出去了，我没有做决定的权利，只有处长可以做决定。但是他出差了，而且我们也没有他出差之后的联系方式。"

小张并没有因此而放弃，经过多方打听，终于得知处长出差的城市以及入住的酒店。他得到消息之后，立即坐着火车赶了过去。等他到达时已经是中午了，他来到处长的房间，敲了敲门，可是里面却没有动静。这时，他发现门没有锁，他从门缝里看见处长正在午休。于是，他轻轻地走进了屋里，并坐在了旁边的沙发上，等处长醒来。

过了很久，处长终于醒了。处长看见自己对面的沙发上坐着一个陌生人，他非常吃惊。于是，处长便问小张是干什么的，怎么会出现在自己的房间。于是，小张赶紧把自己的来意告诉了处长，并给处长认真地解释了有关这次竞标的内容。最终，处长被小张打动了，同意了小张的请求，将标书发给了他们公司。

就在公司所有人都灰心的时候，小张拿着标书回来了。经理看着风尘仆仆的小张，当即对他进行了表扬和加薪。

对工作认真负责，求真务实不是傻，而是一种敬业精神，是每个职场人士都应该具有的一种职业道德。文中的小张正是用自己的这种精神赢得了领导的表扬和加薪，为自己以后的发展打下了坚实的基础。

在职场上，员工的工作态度决定了他以后能否取得成功。无论从事何种行业，只要能够端正自己的工作态度，做到求真务实，就一定能够赢得领导的信任和重用，从而走向成功；否则，就只能在自己的岗位上徘徊不前，甚至失去发展的平台。

7　领导不在，我就是自己的领导

在当今职场中，不乏这样的员工：他们喜欢“等待命令”，喜欢等着领导安排任务。若是没有领导安排，哪怕是闲得无聊，也不会主动工作。一般说来，这种“等待式”的员工不但思想上缺乏积极性，而且工作效率非常低。一旦养成这样的习惯，就会消极怠工，就会被老板认定为不诚信的员工。

相反，一个诚信的员工是不会等着老板过来吩咐自己的。因为诚信意识，他们会将公司的事情当做是自己的责任，无论老板在与不在，无论是不是自己的分内事务，诚信的员工都会将自己的全部精力投入到工作中。

无数的职场事实证明，只有主动工作的员工，才能为自己争取更多的机会，帮助自己提高能力，增加经验。同样，还可以调动员工的积极情绪、提高工作热情，从而为自己赢得更好的发展。

小周是一家建筑工程公司的执行副总，谁也想不到的是就在三年前他还只是一名送水工。小周在做送水工的时候，并不像他的同事那样，将水送过去之后就开始与工人聊天，并抱怨自己的工资太少；而是将将所有工人的水杯装满，并在工人休息的时候向他们询问关于建筑方面的事情。不久之后，建筑公司的一名队长就开始注意这位好学的年轻人。几天之后，小周就接到了建筑公司的通知，他可以在建筑公司工作。这个消息对本来就对建筑很感兴趣的小周来说，就是天大的好消息。小周在心里对自己说，一定要将这份工作做好，不辜负领导对自己的期望。

在建筑公司工作之后，小周时刻铭记自己心中的诺言，不但始终保持着谦虚好学的品质，在工作中也是尽心尽力。在公司中，小周经常是来得最早、走得最晚的一位，不论老板在不在，小周都能积极工作。平时没有活的时候，大家都坐在一旁休息，唯有小周一个人还在工地上做些额外的工作。对此，很多工友都对他说："小周，你也太傻了，你不累吗？那些又不是你的活儿。再说了，也没领导在，就是你做了也没人看见！"听到工友的话，小周并没在意，依然像往常一样。

不但如此次，小周在工地上也没有停下学习的步伐。每天晚上，当工友们都坐在一旁聊天、打扑克的时候，只有小周一个人在灯下看书、钻研技术。有一次，老板看到小周把旧的红色法兰绒撕开包在日光灯上，以解决施工时没有足够的红灯来照明的困难，于是决定将这个肯动脑筋又能干的年轻人加以重用。

后来，小周一步步变成了公司的副总。但是，当上副总之后的小周还是保持着积极的工作态度。并时常教导同事们："做事时，不要等待命令，领导不在也应该给自己找出可以做的事。"

小周虽然没有太多的才华和能力，但就是凭着自己的主动思考与积极工作的美好品质，最终得到了老板的赏识，成就了自己的职场发展，实现了当时的诺言。在职场中，只有像小周这样的员工，无论老板在不在，都可以主动工作，才能得到老板的重用，从而为自己赢得更多的机会。

有人曾说："成功就是平时积累的一种爆发。"因为任何一个老板都不可能一天到晚盯着员工做事，因此，只有自动自发地去工作的员工，才是一个诚信、有责任心的员工。也只有这样的员工，才有能力抓住身边的每一个机会，展示出超出他人要求甚至想象的工作能力与表现；相反，那些“等待式”的员工，或者只有老板在的时候才工作的员工，必然无法达到事业的顶峰。

美国标准石油公司的第二位董事长阿基勃特，在自己还是一个小职员的时候，就特别注意宣传公司的形象。无论在什么情况下只要是需要签名，必然会在签名之后写上公司的宣传口号——“每桶4美元的标准石油”。还因此在同事中获得了“每桶4美元”的外号，真名反而没有人叫了。

渐渐地，整个公司都知道了这位叫“每桶4美元”的员工，连董事长洛克菲勒都知道了：“我们公司竟然会有这么注意宣传公司形象的员工，我一定要见见他。”于是，当天晚上就找到阿基勃特，邀请他共进晚餐。询问这位“每桶4美元”：“你为什么这么重视公司的声誉呢，下班之后就没有必要这样认真了啊。而且这也不是你分内要去做的事，你为什么就会这么做呢？”阿基勃特坦然地回答道：“这难道不是公司的口号吗？而且我每多签一次，就会多一个人知道咱们公司，而且，在业余的时间里，我也是公司的一员啊。”对于阿基勃特的工作态度，洛克菲勒很满意，并开始着重培养他，想让他做自己的接班人。

后来，洛克菲勒卸任，阿基勃特成了继任者。而且，公司在阿基勃特的领导下比以前更加兴旺了。这种对工作的积极性，成就了阿基勃特，并最终成就了标准石油公司。

在阿基勃特为公司宣传形象的时候，董事长洛克菲勒是没有在身边的，但他这样去做了，并最终因为自己的行为得到了老板的赏识，实现了自我价值。也正是因为这种做法，阿基勃特才在锻炼自己能力的同时，赢得了董事长洛克菲勒的青睐，从而成为他的继任者。

伍迪·艾伦说过：“生活中90%的时间只是在混日子。大多数人只

停留在为搭公车而搭公车、为吃饭而吃饭、为回家而回家、为工作而工作的层面上。他们从一个地方到另一个地方，做事情像流水账一样，做完一件又一件，好像做了很多事，但却很少有时间从事自己真正想完成的目标。就这样，很多人临到退休时，才开始问自己这一辈子究竟是为什么而活着。”

可见，成功者与失败者最大的区别就是，成功者无论什么时候都会积极主动地工作。即使是老板不在的时候，他们也不会轻易放松自己。而那些失败者，在工作中往往是运用自己的小聪明，只要领导不在，就偷懒。不同的工作态度，决定了不同的职场发展。老板不在，自己就是自己的老板，管住自己，才是诚信员工的最佳表现，才能为自己赢得更多的发展机会！

8 勇敢地承担责任

职场上，推卸责任几乎成了员工遇到困难时的条件反射。当工作出现问题、上司追究责任时，很多员工都用借口掩饰自己的过错，他们希望用借口蒙混过关。殊不知，这种做法只会给上司留下“不诚实、没勇气、没有责任心”的印象。在领导者看来，用借口来推卸责任的员工，不单单是没有责任心的表现，更是对公司不忠诚的表现。因此，那些不敢承担责任的员工，是无法赢得领导者的重用、取得事业成功的。

当我们选择了一份职业、接受了一份任务时，就意味着承担起了一份责任。面对工作中出现的问题，大胆地说一声“这是我的责任！”不但不会得到老板的批评，还会因为自己的诚实，赢得更多的发展机会。

赵明和张庆是同一个运输公司的员工，并且两个人是同时进入公司的。因此，老板将二人安排在一起作为搭档。两个人都很珍惜这份工作，工作上也很努力，但是最近发生的一件事情，让老板对二人有了明确的认识，也改变了二人之后的职场人生。

有一天,赵明和张庆负责给一家公司运送货物,因为这批货物非常重要,里面装的是一个古董花瓶,老板叮嘱:“你们一定要小心,千万不要出任何差错!”

两个人出了老板办公室就准备去送货了。但是,就在他们将花瓶搬上车的时候,意外发生了。原来是当赵明将花瓶递给张庆的时候,张庆没接住,一失手将花瓶掉在地上打碎了。顿时,两个人都傻了眼。

无奈之下,两个人只有回到公司。趁着赵明去洗手间的机会,张庆走到老板的办公室对老板说:“上午打破的那个花瓶和我没有关系,是赵明的错。”老板听了之后点点头说自己知道了,就叫张庆先出去了。过了一会儿,赵明进来了,“上午打碎花瓶到底是怎么回事?”听到老板的问话,赵明惭愧地说道:“这件事情是我们的不对,我愿意承担一切责任。”

过了一会儿,老板将两个人都叫到了办公室,对他们两人说道:“其实,上午你们在装花瓶时发生的事情我都看到了,而刚才我又看到了你们两个人不同的处理态度,这使我对你们两个人有了更清楚的认识。因此,我做了一个决定,就是张庆从明天起不用来工作了,赵明留下来用你的工资来赔偿客户的花瓶。”

对于老板的决定,张庆一开始不满意老板的决定,认为自己也只是出了这一次错,不至于要被解雇这么严重,而赵明也帮着张庆求情。但是老板还是坚持自己的意见:“张庆就是一个没有责任心、不忠诚的一个人,这样的一个人怎么能把工作做好。如果把他留下来还不知道以后会出现什么情况呢,你们什么也不用说了,在我的公司里是不允许存在没有责任心的人的。”

听到老板的话之后,张庆只有离开了公司。而赵明也清楚地认识到了自己以后在工作中应该坚持什么样的品质。在以后的工作中,赵明牢牢记住张庆被解雇的原因,时刻要求自己。最终使得自己一步步走向成功！

工作上出现失误时，部分员工首先想到的不是主动承担责任，而是给自己寻找各种各样的理由，将失误的原因归于他人或者是外界。然而，这些理由不但不能帮助你解决问题，还会让上司觉得你是一个没有责任心、不诚信的人，进而失去领导的信任。因此，任何一位员工，想要自己在职场上更有前途，就必须有面对困难、承担责任的勇气。

众所周知，金无足赤，人无完人。在工作中出现错误并不可怕，可怕的是不能勇敢地承担责任。要知道，勇敢地向老板坦承自己的错误，恰恰是员工诚信的一个表现方面。因此，只有勇于承担责任的员工，才能赢得领导者的信任、赏识。

王丽是一家公司部门经理的秘书，最近由于自己部门的经理办事不力，受到了总经理的指责，并扣发了这个部门所有人的奖金。对于这样的处罚，部门所有的同事都有了一定的怨言，这样的情况让经理很为难。这时，作为秘书的王丽对大家说道："其实经理在受批评的时候还为大家争取了，要求总经理只对他一个人做出惩罚，不要将整个部门的奖金都扣除。"顿时，大家的怨气消了一半。王丽又接着说道："经理从总经理那回来的时候很难过，说都是自己连累了大家，还说下个月一定想办法把大家的奖金全都赚回来，弥补大家的损失。其实这次的失职也不是经理一个人的错，我们大家也都有责任，大家应该体谅一下经理的处境，齐心协力将工作做好。"听了王丽的话之后，大家觉得很有道理，对经理的态度也由怨恨变成了支持，之后再工作时也有了空前的热情。

而这种比以前更高的积极性带来的直接效果就是工作质量的提高，业绩的增加。最后，在整个部门的齐心协力之下，拿回了奖金，弥补了上个月的损失。

由此可见，经理也是一个有责任心的人，在自己工作出错的时候没有推卸责任，也没有给自己找借口，在总经理处罚自己时，还主动揽责、替同事们说话。正是由于经理的这种做法，才使自己既得到了总经理的谅解，又得到了下属们的支持。

正如一位成功人士所说："经济发达的当今社会，真正的勇者不再需要那些堵抢眼、炸碉堡的人，现代社会的勇者应该是那些在商海中沉浮、打拼，勇于负责，敢于担当哲人的人……我们唾弃那些一出现问题就要找理由推诿、不敢正面对待问题、无端指责、百般报怨、牢骚满腹、推卸责任的小人。"

在工作中，任何一位员工都不可避免地要面对很多问题，如果只是一味地找借口推脱，只会让自己失信于老板，从而使自己无法走向成功；相反，只有那些敢于担当责任的员工，才能赢得老板的赏识、得到老板的信任，从而使自己一步步成长起来！

9 别让随意跳槽跳丢了诚信

在当今社会，"跳槽"已经不是一个新鲜的名词，尤其是对于年轻人来说，他们总觉得凭着自己的能力与才华，一定能找到与自己的付出成正比的工作。于是，他们希望自己不像父辈一样捧着"铁饭碗"不放手，而是找到属于自己的"银饭碗"甚至是"金饭碗"。

一定的"跳槽"或许可以实现年轻人的愿望，给他们带来更好的发展前景。但是，过于频繁地跳槽却会伤害到自己，最终给自己带来不良的影响。试想之，一个经常换工作的员工，在工作中经常抱着"这山望着那山高"的心态，势必会将其领导对自己的信任度。这样一来，频繁跳槽不但不能为自己带来更好的发展前景，反而会给人留下一种不忠诚、不诚信的印象，从而降低自身价值，影响到自己的前途。

从公司的角度来讲，没有一个企业喜欢频繁跳槽的员工。一家大型企业人力资源部经理曾说："我最担心的一件事就是，我们辛辛苦苦为企业培训的员工，一转身就跳槽了。"可见，任何一个企业都不喜欢频繁跳槽的员工,都不愿意自己为他人做嫁衣。

张先生一直都是一个很优秀的人,上学的时候是品学兼优的好学生,还被保送为著名学府的研究生,工作的时候也是上司的好帮手。但是,最近却没有工作了,找工作也变得困难重重,其原因就是他在工作期间太随意跳槽,甚至是没做几天就离开了原来的公司。

张先生由于品学兼优,在毕业之后就被分配到了政府机关做办公室工作。这样的工作很稳定但是也很枯燥,于是,一年之后,张先生就辞去了现有的工作,到了一家著名的外资企业。在新公司中,张先生经过自己的努力,很快就晋升为该公司的中层经理。但是没做多久,就因为公司发展与自身发展不能相适应,仅仅过了半年就离开了该公司。后来又跳槽到了一家国企,因为是朋友介绍的,张先生在国企备受重视。但是,他还是无法接受现在的工作。所以,又辞去了这份工作。

现在,张先生由刚开始的频繁跳槽变成了频繁找工作。他对自己的"丰富"的工作经验以及良好的教育背景很有自信,相信一定能找到适合自己的工作。但是,找了半年多还是没有找到,这让张先生百思不得其解。一次面试中,张先生照例被淘汰了。于是,他气愤地问面试官:"为什么我这么优秀都没有被录取,反而会要那些远远不我的人呢?"面试官真诚地回答道:"你太频繁地跳槽,给用人单位留下了不诚信的印象,因此,很少会有公司愿意要你这样的员工。"然而,张先生对自己频繁跳槽却还是没有一个较为清醒的认识,对于自己频繁跳槽的行为,张先生是这样理解的:"人往高处走,谁不愿意找一份更好的工作呢?我换工作就是因为公司的发展无法适应我自己的发展,如果这个公司够好,我还会辞职吗?就算我老是跳槽,但是我有足够的能力,就应该得到更好的工作,他们不要我就是他们的损失。"朋友们听了张先生的话之后,只是很无奈地摇摇头,认为他这样的态度是不会有公司能接受的。

很多频繁跳槽的员工认为：“没有跳过槽的人是没有价值的人。”殊不知，在频繁跳槽的同时，自己不但丧失了职业上的持续累积，也失去了个人对公司的忠诚。可以说，没有一个公司喜欢频繁跳槽的员工。就像上文提到的张先生一样，历经数次跳槽之后，不但没有改变自己的现状，反而使自己陷入到求职困难的漩涡之中。

一位成功人士曾说过这样一段话：“这样频繁跳槽的人，不能给人以安全感和信任感。一个什么工作都做不长久的人，让人想到不会是公司的问题，而是他个人的问题。第一，他的工作能力值得怀疑；第二，他对企业的忠诚度值得怀疑；第三，不能肯定他会在我们公司工作多长时间。因此，这样的人在录用的时候需要再三考虑。”

王尧大学毕业后，就在石家庄找了一份办公室文员的工作。但是没过两个月，王尧就觉得工资很少，并且公司的各项制度也极不规范，所以，就决定要辞职。在他有了这个想法之后，公司组织的旅游活动正好给他提供了这样的机会。原来，王尧和公司员工去旅游的时候，在当地旅游地点刚好有企业在招聘。于是，王尧就前去应聘，本来只是想去试一试，没想到居然被录取了，并且给王尧的工资要远远高于现在的工作。王尧本来就想辞职了，觉得这次机会不错，于是就当场和对方签下了协议。

回到石家庄之后，王尧就向原来的公司递交了辞呈。可是，新工作才做了一个月，王尧就发现自己现在的工资虽然比以前高，但是也比以前的累，而且还要经常出差。于是，王尧又产生了辞职的想法。辞职之后，王尧经过一段时间的努力，终于找到了一份教师的工作，并且自己也十分喜欢这种工作。于是，王尧就高兴地去学校报到了。但是没过几天，王尧就发现老师这个行业特别累，而且学校还在一个小县城里，非常不方便。于是，王尧又辞去了这份工作。后来，在一个招聘会上，他自信地将自己的简历递了过去，王尧原本以为自己“丰富”的经验会引起面试官的好感。孰料,王尧却遭到了面试官的拒绝。理由是:王尧跳槽过于频繁,他们认为这样的员工没有诚信可言,自己的公司也不欢迎这样的员工。

这次面试让王尧彻底清醒了,经过一段时间的调整,王尧终于改变了自己的心态。

纵观当今职场,像王尧这样的"跳跳糖"非常多,他们经常是"3 天没有达到自己预想的目标,便怀疑自己是不是选错了单位;6 个月没有得到提升,便怀疑自己受了亏待;一年没有加薪,便怀疑自己是不是已经没有前途。"不管是出于什么目的的跳槽,都不会给用人单位以良好的印象,只会给人留下不诚信的印象,以至于影响个人以后的发展。

跳槽,原本是员工实现自己能力、价值的一种方式。但是过于频繁的跳槽恰恰暴露了自己的不诚信,从而使自己在职场发展中受到阻碍。因此,作为一名员工,一定要认清自己的工作,切不可成为随意跳槽的"跳跳糖",否则就永远无法实现自身的价值!

10 团队的力量来自诚信

一位哲人曾经说过这么一段话:你手上有一个苹果,我手上也有一个苹果,两个苹果交换后每人还是一个苹果;如果你有一种能力,我也有一种能力,两种能力交换后就不再是一种能力了。的确如哲人所言,一个人的精力虽然旺盛,却有一定的限度,总是无法完成超越自己能力的工作。但是,如果几个人联合起来,那么大家就能将能力提高,从而做出更好的业绩。

对于企业来说,团队精神是其重要的发展理念。那么,怎么样才能使众多人牢牢地凝聚在一起呢?答案就是诚信。诚信是团队精神的粘合剂,只有每一个人都恪守诚信的原则,才能增加彼此之间的信赖程度,从而将大家牢牢地粘合在一起。

诸葛亮四出祁山的时候只带了10万兵马，但是迎战的魏军司马懿却是领兵30余万。两军在祁山对峙，旌旗猎猎，角鼓相闻，战争一触即发。

此时的处境对于蜀军来说极其不利，具体表现为：蜀军兵力本来就不如魏军，并且还有将近4万人因服役期满，要退役还乡。为此，蜀军将领人人都很担心，本来就不多的兵力又少了将近4万，肯定没有获胜的机会了。而那4万老兵更是担心，他们回家的机会可能会因此而变得很渺茫。这时蜀军将领纷纷向诸葛亮说："现在大战在即，就让那些老兵再多服役一个月，等打完仗再让他们回去吧，不然肯定会输的。"听了各位将领的话之后，诸葛亮说道："治国治军必须以信为本。老兵们归心似箭，此时，他们的父母妻儿盼亲人回归正是望眼欲穿，我怎能因一时所需而失信于军民呢？"说完，就命令部下让服役期满的老兵回家。

老兵们听见诸葛亮的命令之后都不敢相信自己的耳朵，一个个激动得热泪盈眶，感激不已，纷纷过去对诸葛亮表达自己心里的想法："丞相待我们恩重如山，如今正是用人之际，我们要留下来一起奋勇杀敌，报效国家！"4万老兵在诸葛亮讲诚信的激励之下群情激奋，士气高昂，令整个战役得到了较大的转机，最终不但大获全胜而且还诱杀了魏军大将张合。

要想取得战争的胜利，就势必要整个军队相互协作。如果诸葛亮失信于那4万老兵，纵然能够得到更多的兵力，但却会打击士兵的积极性。然而，诸葛亮并没有这样做，他信守诺言，用自己的诚信鼓舞了军队的士气，使整个军队牢牢地团结在一起，最终取得了战争的胜利！

同样，在职场上，一个企业要想在竞争中处于不败之地，唯有运用诚信精神，将所有的员工牢牢地团结在一起。在整个团队中，无论是中层管理者，还是最为普通的员工，都必须坚守诚信的原则。否则，团队就会失去团结的力量，从而产生不利的影响。

伟杰在一家营销公司做营销员，他所在的部门常因团队合作精神十分出众,从而使得每一个人的业务成绩都很突出,可是后来,这种氛围却被伟杰给破坏了,而他自己也因为自己的行为被追究责任,第一个被公司裁员。

事情的起因是这样的:公司的一位高层把一项非常重要的项目安排给了伟杰所在的部门,虽然伟杰的主管搜肠刮肚、绞尽脑汁,但是最终还是没有能够拿出一个可行的工作方案。不过,伟杰这次却在主管之前就想出了对这个项目而言十分周详而又容易操作的方案。既然是整个部门的任务,按说他本应该向他的主管提出自己的解决方案,可是为了表现自己,他并没有与部门主管商量,更没有向部门贡献出自己的方案,而是越过了主管,直接向总经理说明自己愿意承担这项任务,并向他提出了可行性的方案。

伟杰的这种做法,严重地伤害了部门主管的感情,破坏了部门的团结。结果,当总经理安排他与部门的其他同事共同操作这个项目时,同事们都很不配合,觉得伟杰是个自私自利的人,结果导致了团队内部出现了分裂,团队精神犹如一盘散沙,再加上外部的全球性经济危机,项目最终流产了,而伟杰也因当了"出头鸟",第一个被淘汰出局。

一个成功的团队,必然要讲究诚信,如果每个人都各自怀揣着自己的小算盘,那么团队也就无法称之为团队了。如果人人都像伟杰一样,心中装着自己的小算盘,没有任何诚信可言,那么,怎么保证整个部门工作的正常运行呢?如果伟杰能够将自己的计划向自己的主管报告,和部门同事一起研究,相信他们一定会将项目做得更好。

成功源自团队的力量,而团队的力量源自诚信。诚信是一个团队精神的粘合剂,只有人人都讲诚信,才能使整个团队牢牢地粘合在一起。也只有这样,才能使自己的团队在竞争中取胜;否则,只会使团队变成一盘散沙,进而阻碍个人的发展前途。

团队的力量来自诚信,只有团队中的每一个人都讲诚信,才能使团队逐渐强大起来，才能促进自己的快速成长和发展。因此，作为一名职场人士，都要恪守诚信的原则，不但要对公司忠诚，在团队合作中也不可忽略诚信。

11 培养互相信任的合作团队

众所周知，团队是一个企业生存发展的重要力量，唯有拥有强大的团队精神，企业才能收获得丰收的硕果，个人才能实现自己的利益。那么，如何才能培养出这种强大的团队精神呢？那就是用诚信去打造一个完美的团队。众所周知，在一个团队中，人与人之间要想相互配合、相互协作，首先就要相互信任。如果失去了信任，那么整个团队就失去了合作的基石、精神和动力，从而使整个团队就会丧失凝聚力和战斗力。

在团队合作的时候，经常会出现观点不一致的现象。在这时，每一个成员要做的不是强迫他人接受自己的观点与看法，而是在信任的基础上积极沟通，找出自己与他人观点中相同的地方，求大同存小异。只有给予对方充分的信任，才能使整个团队保持凝聚力，从而在促进公司发展的同事，也带动自身的成长。

有这样一位营销经理，其管理水平与业绩都是很出色的，但是，他部门中的员工却并不是这样的，办公室里面常常显得死气沉沉的，每个员工对自己的工作都好像没有太高的积极性。这让所有的人都想不通，一个出色的管理者居然不善于管理自己的部门！

最近，这位管理者就这个问题请教了有关的专家，专家给了他一份测试评估表。等他将评估表上的测试都做完的时候，他甚至不敢相信自己的眼睛，上面的结果是说他不是一个善于倾听的人，甚至不信任自己的下属。对于这一点他很不解，问专家："我怎么会是一个不善于倾听而且不相信他人的人呢？如果我不相信他人,那我的部门岂不是很危险吗?”专家说道:“这个问题我也不知道,你开个会让员工们自己说,看你是不是这样的人。”

会议上,营销经理拿着专家给他的评估结果,对大家说道:“上面的结果说我是一个不善于倾听、而且是不相信大家的人,你们说是这样的吗?”但是,公司的员工好像很害怕说实话似的,对他说道:“您是一个善于倾听的人,没有不相信我们,每次我们与您的意见不一致的时候,您都能充分协调,给出让双方都满意的结果,比其他部门的经理好多了。”

对评估表上给出的结果,部门中的员工也都给出了否定的答案,这让在一旁倾听的专家感到很担忧。他们这样不说实话,就是对部门不负责任的一种说法,甚至还会毁掉部门的发展。正在专家担心的时候,听见了一个很小的声音:“您有的时候确实做得不太好,总是固执己见,我们给出的意见您甚至不采纳,而且我们在阐述自己的观点时,您甚至会粗暴地打断。可以说,这份评估表上的结果是完全符合您的,希望您能认识到自己的不足,并加以改善。”

听到这里,专家才感到欣慰,觉得总算有人肯说真话了,如果该营销经理按照这位员工说的去改变自己处事的态度,部门还是会有较好的发展前景的。而这时,营销经理也说话了:“他说的话,不论大家认同不认同,但是我觉得我还是应该按照他说的去做,这样对部门有好处,一个人就是应该听进去不同的意见,所以我决定从今天起做一个善于倾听并且信任同事的好上司、好同事,以促进部门的发展。”听了营销经理的话之后,那些刚开始不敢说实话的人响起了掌声,表示对上司的支持。

故事中专家的担忧,就是针对那位营销经理不信任下属而产生的担忧。可以说,这种担忧不是没有道理的,尤其是在当前职场中,一个企业中的所有员工就是一个团队。不论是同事之间缺少信任,还是领导与下属之间缺少信任，都会降低团队合作的凝聚力，从而降低团队合作的效率。

在职场中，每个人都希望自己所在的团队是一个高效的团队，而却不是每个人都明白如何才能打造一个高效的团队。在一个团队中，每一名成员都扮演着不同的角色，只有彼此相信对方，才能增加团队的凝聚力，从而保证工作顺利完成。

因此，作为一名职场人士，都必须清楚地认识到：诚信是团队合作的基石，唯有互相信任，才能将大家的力量拧成一股绳，才能使自己的团队所向披靡。

12 诚信让你和团队达到共赢

有这样一则寓言故事：

梭子鱼、虾、天鹅，它们三个是很好的朋友，有一天它们在一起玩的时候突然看见路边有一辆车，车上有很多好吃的东西。于是就想将车子从路上拖下来，三个家伙开始一起努力将沉重的车子往路下面拖。但是，即便它们使出了浑身力气，还是没有将车子拖下来，甚至车子还是一动不动地停在路上。它们越来越想不通为什么会出现这样的情况，明明大家都很努力，都很使劲，但是车子为什么就是一动不动呢？最后，还是梭子鱼说话了："我们没有拖动车子，最重要的就是我们没有团结起来，天鹅使劲往天上提，虾是一步步往后拖，而我则是朝着池塘的方向拖。我们大家使劲的方向不一致，所以，车子就会一动不动地待在原地。"

听了梭子鱼的话之后大家都觉得有道理，于是想出了一个很好的办法，大家一起使劲，将车子拖到路边。说出这个主意的时候，大家都很赞成，但是在行动的时候却还是像刚开始那样，各自往各自的方向使劲，最终的结果还是车子一动不动地待在原地。这时，天鹅说话了："这次大家还是，没有做到团结，明明说好了向同一个方向使劲的，为什么还是会出现这样的情况呢?"大家议论开了："就是有些家伙讲诚信，明明说好了的事，非要往自己那边挪，这样说一套、做一套当然不能挪动车子。"大家吸取教训之后，开始在诚实的基础上往同一个地方使劲，很快，车子就顺利地被它们从路上拖下来了。

正如这则寓言故事所讲，梭子鱼、虾和天鹅要想从车子上获得好吃的东西，唯一的办法就是在诚信的基础上，三个人同心协力，将车子从路上拖下来。可见，唯有彼此信赖对方，才能在实现团队利益的同时，实现个人的利益。

同样，作为一名职业人士，要想在职场竞争中实现自己的人生价值，唯一的选择就是在团队中恪守诚信原则。只有学会了诚信，才能实现团队的凝聚力，才能塑造强大的团队，从而成就一番事业，让个人和团队达到共赢；反之，若人人没有诚信，那么团队就像一盘散沙，无法进行合作。那么，个人利益和团体利益就会化为泡影。

一家跨国公司正在招聘新员工，来参加面试的人非常多，经过层层筛选，有 9 名年轻人从中脱颖而出。可以说，这 9 个人都是百里挑一的优秀人才，老总对此特别满意。但是，公司只能录用 3 个人。因此，在最后的一次考试中，老总给他们出了一道题：把这 9 个人随意地分成 3 组，第一组的 3 个成员去调查本市婴儿用品市场；第二组中的 3 个人去调查妇女用品市场；第三组中的 3 个人去调查老年人的用品市场。

在他们出发之前，老总对他们 9 个人说："我们现在招聘的人是用来开发市场的，因此，我要考察一下你们对市场的观察力，希望你们每一个人都能够全力以赴。为了避免你们盲目开展调查，我已经让秘书准备了一份相关行业的资料，你们可以先到秘书那里去领一下。

两天之后，这 9 个人都回来了。老总看过他们交上来的调查报告，直接走到第三小组的 3 个人面前，和他们一一握手，然后说道："恭喜你们，你们通过了考察，被公司录取了！"

听到这个结果，其他的 6 个人都疑惑地看着老总。老总微微一笑，解释道："我让你们每个小组去调查一个问题，但是每个小组中你们的问题又是不一样的。比如说，你们调查婴儿用品市场的那一组，你们三个人中，一个是过去、一个是现在，还有一个是将来。但是，你们 6 个人都不相信对方，怕在这次竞争中失败，以至于各顾各的事情，根本没有想到小组内的其他成员。而第三组的 3 个人，他们则是在彼此信赖的前提下，相互参考了对方的资料，从而补充了自己报告中的不足。因此，他们 3 个人交给我的报告最完善、最完美！"

在职场上，这样的事情屡见不鲜。如果人人都能像第三个小组的 3 个人一样，以诚相待、相互合作，那么就一定能够弥补自身的不足，就能漂亮地完成上司交给自己的任务，达到个人和团体共赢的局面；相反，如果大家都像其他的 6 个人，不相信对方，恐怕让他们在竞争中取胜，最终只会导致大家一同失败。

职场上没有完美的个人，只有完美的团队。在团队中，唯有相信对方、以诚相待，用诚信塑造团队精神，才能够达到互助合作的地步，从而在整个团队的努力下，实现个人和集体的共赢。

一天小猴与小鹿一同在河边散步，同时看到河对岸有一棵桃树，上面结了好几个大桃子，两个小家伙不约而同地说："我们有桃子吃了。"说着便一起朝桃树走去，但是走着走着，小猴心里犯起了嘀咕，心想：就那么几个桃子还不够我自己吃的呢。于是，它赶忙对小鹿说道："那棵桃树是我先看到了，所以桃子理应全归我。"说完便要过河去摘桃子，可是由于小猴个子太矮，走到河中间时差点被水浪给冲走了，幸好慌乱之中它抓住了一块礁石才没有丢掉性命。可怜的小猴只能眼巴巴地看着桃子却不敢再下水去摘桃子。

而与此同时小鹿心想:“哼,既然你不讲信用,我干嘛要和你一起分享。”于是,小鹿顺利来到了桃树下,但小鹿不会爬树,所以也摘不到树上的桃子,只能眼巴巴地看着桃子流口水。

就在这个时候河边的柳树开口说:“如果你们能改掉自私的毛病,团结起来不就能吃到树上的桃子了吗?”

听完柳树的话,小猴和小鹿都觉得非常有道理,于是两人便摒弃成见,决定携手合作,摘的桃子平分。后来小猴在小鹿的帮助下顺利过了河,然后爬上桃树,摘下桃子,高高兴兴地回家了。

小猴子和小鹿就好比是一个团队中的不同成员,如果人人存有私心,不能够以诚相待,最终只能使双方都得不到自己想要的东西。两个人唯有相信对方、同心协力,才能都得到自己想要的东西。

诚信是团队合作的基石、是团队精神的粘合剂,而团队又是员工实现成功的载体。因此,在团队合作中,唯有坚守诚信的活动原则,才能让自己和团队达到共赢!

第四章　笑傲职场，诚信铸就威严

诚信胜于一切，没有诚信就没有尊严，没有诚信就不会走向事业的巅峰。人生的奋斗之路，离不开诚信的协助，只有拥有诚信，才能创造出灿烂的明天，登上事业的顶峰，笑傲职场。

1 种瓜得瓜，种豆得豆

中国有句俗语："种瓜得瓜，种豆得豆。"同样，对于诚信来讲也是如此，只有播种了诚信，才能收获到胜利的硕果。任何一个人，只有经常用诚信的尺子丈量自己，坚持以诚信的态度对待他人，才能让别人也以诚信的态度对待自己，才能得到更多的收获。

诚信是衡量一个人品质的重要砝码，唯有诚信的人，才会更加完美，才会得到世人的尊重；相反，若是丢失了诚信，那么就等于丢失了自己。试想之，一个没有诚信的人，自然不会得到他人的信赖，也不会拥有高尚的品格，这样的人，又怎么能够有所成就呢？

唐朝时期的李勉，素以诚信著称。在他很小的时候，父母就经常教导他做人、做事要诚实。在这种诚信的教育下，李勉一天天长大了。

一次，李勉出外学习，在他露宿的客栈里，遇到了一位进京赶考的书生。两个人一见如故，经常一块切磋诗文。

一天，书生突然生病了，并且非常严重。李勉知道后，马上就找来了大夫为书生诊治。之后的几天，李勉一直按照大夫的要求，帮书生买药、煎药，并照顾他吃药。一连好几天，李勉都用心照顾着书生的饮食起居。但是，那位书生的病情不但没有好转，反而越来越严重了。看着书生越来越虚弱的身体，李勉也是越来越着急。

一连请了好几个大夫，也无济于事。无奈之下，李勉就去询问周围的百姓有没有什么治病的偏方，还经常一个人跑到山上去挖那些药店里没有的草药。

一天傍晚，李勉将药挖回来，发现书生的精神略有好转。李勉非常高兴，连忙走到书生床前，关切地问道："哥哥，你是不是感觉好一点了啊？”

书生说：“我想，我可能是回光返照，马上就要不行了，临终前我有一件事想要求你帮我。”李勉听了书生的话之后，连忙安慰道：“不会的，你不要想那么多，今天你的气色不是好多了吗？只要静心休养，很快就会好的，哥哥也不要太客气，有事尽管说，我会尽力帮助你的。”书生说道：“这些日子麻烦你照顾我了，我床底下有一个小木箱，里面是我进京赶考所带的盘缠，现在估计用不着了，麻烦你拿这些钱将我安葬了，剩下的都给你。算是对这些天你照顾我的一点补偿吧，请你一定要收下，不然我就是到了九泉之下也不能安心。”李勉为了使书生安心，只好勉强答应了。

第二天清晨，书生真的去世了。李勉按照书生的遗愿，买好棺材并精心地为他料理后事。并将剩下的钱仔细包好，放在了棺木下面。不久之后，书生的家人收到了李勉发出去的报丧信，当他们将棺木移出来的时候，看见了里面的银子，很吃惊，同时也为李勉的诚实守信深深感动。

后来，李勉的事迹被人们传为佳话，当皇帝听说有这样重情重义的人时，非常感动，便破格让李勉做了大官。

“种瓜得瓜，种豆得豆”，正如这句俗语所言，李勉用自己的诚信不仅赢得了百姓的爱戴，也为自己赢得了仕途，从而为自己赢得了一个更好的发展前途。

同样，对于职场人士来说，诚信不仅仅是一种美德，更是立足职场的根本、实现事业成功的资本、成就职场人生的重要砝码。踏入职场之后，每一位员工都渴望在这个舞台上大显身手，创造属于自己的辉煌。然而，并非所有的人都能如愿以偿，唯有诚信的员工，才能领略到巅峰的风景；否则，只能在原地徘徊，或者是被淘汰出局。

黄维和张瑜是大学同学，大学毕业后，黄维在一家计算机软件公司做程序员，而张瑜则到了另外一家同类公司做市场。两年之后，两个人凭着自己的努力，深得老板的重用，成为各自公司中的骨干。

最近，两个人所在的公司都在开发一种前景广阔的办公室应用软件。由于两家公司实力相当，竞争压力非常大。一个偶然的机会，张瑜听说黄维是对方公司这个项目的核心负责人。听到这个消息之后，张瑜非常高兴，马上就想到了一个好办法。

第二天下班的时候，黄维就接到了张瑜的电话。两年多未见，两个人都非常开心，吃完饭后，两个人又去了酒吧。在酒精的作用下，没过多久，黄维就迷糊了。就在此时，张瑜不失时机地问道："听说你们公司最近正在研发一种办公室应用软件……""对啊，我告诉你啊……"黄维不知不觉就将自己公司的绝密资料和盘托出。

没过几天，黄维所在的公司就被对手打得措手不及，巨额的研发费也化为泡影。看着满市场的同类产品，黄维羞愧地离开了公司。

黄维就因为失去了诚信，才不得不离开了公司，告别自己奋斗多年的舞台。可见，种什么样的"因"必然会结什么样的"果"，诚信也是一样，唯有播种了诚信的种子，才能收获到果实。

诚信，是员工发展的助推器，唯有时时处处恪守诚信，随时播下"诚信"的种子，才能在职场上收获到胜利的硕果。

2 处处讲诚信，时时讲诚信

正如哈特所言："诚实是一条自然法则，违背它的人会得到报应，受到应有的惩罚，就像万有引力不可违背一样，诚实的定律也是不可违背的。"纵观当今职场，无论国内与国外，无论是过去还是现在，诚信始终是职场中的一条生存法则。每一位员工都必须恪守诚信的原则，在诚信的基础上工作。否则，就会受到相应的惩罚。

诚信，是每一位员工必备的基本道德品质，是一个员工成功的资本。在职场上，无论是初涉职场的新人，还是久经沙场的老员工，抑或是有一定成就的管理者，谁也不能背离诚信的活动原则；否则，即便是拥有过人的能力，也无法得到企业的认可，从而无法实现事业上的成功！

一家文化公司的老总接手了一本杂志，但是没有足够的人手将工作进行下去，为了更好地开展工作，老总不得不招聘新的员工。在朋友的推荐下，张超和刘坤来到这家公司面试。在面试的时候，两个人凭着自己丰富的工作经验、过人的能力赢得了老总的欢迎。最后，当老总问他们对薪金的要求时，张超说："很多报社都打算请我过去呢，而且他们提供的待遇也非常好，5000吧！"尽管张超的要求有一点儿高，但为了网络人才，老总还是点头答应了。然后，老总又示意刘坤回答，刘坤的答案让在场的所有人都大吃一惊，因为他说："我先做着吧，您看给多少合适就给多少吧！"

出了老总办公室，张超追上刘坤，问道："你不知道吗？老总是身价百万的富翁，这点工资不算什么。"而刘坤则是笑了笑，说道："百万富翁又如何？那老板的钱也是自己一分一分挣回来的。况且，如果我以后做得好，他自然不会亏待我！"

在工作的时候，由于杂志正在筹办期间，二人经常需要外出。每次出去的时候，不论远近，张超一律选择打车，然后拿着发票找老总报销；而刘坤则经常是顶着炎炎烈日，骑着单车出门。

周末的前一天，张超按照老板的吩咐出去找客户了。而刘坤则留在公司和老板商量办杂志的具体事项，不知不觉中就到了傍晚。临回家前，老板对刘坤说："找个地方吃饭去吧，去对面的饭店怎么样？"刘坤知道那个饭店的消费非常高，就对老总说道："就我们两个人，随便找一个干净的小店就可以了。"后来，两个人就在公司附近找了一个小店，总共消费了50元。

周一的时候，张超一来到公司就拿着5000元的发票找到了老总，老总看了看发票，就随口问道："这是什么时候的发票？"面对老总的询问，张超轻描淡写地说道："我请客户吃饭了。"老总什么也没说，就把张超的发票报销了。

经过一段时间的努力，杂志终于出版了，并且发行量也非常好。待到一切都稳定之后，老总就将这个项目交给了刘坤，让他全权负责。对此，张超非常不满，经常抱怨："我的工作能力也很强，为什么偏偏选择了他来负责这个项目。"

此后，张超一如既往地出门打车、请客户吃饭……有一次，张超从外地出差回来，他拿着厚厚的发票和车票来到公司，按照规定，张超的发票必须由刘坤签字才能拿到老总面前报销。面对着一张张发票刘坤疑惑地问道："怎么这么多？""又不是你的钱，你心疼什么？"张超看见刘坤的样子，气就不打一处来。

最终，张超拿着发票来到了总经理办公室。老总只是看了看，就直接签字了。对此，张超非常高兴，可当他刚刚坐在办公桌前，就收到了人事部的辞退信。张超看着报销的钱，真是欲哭无泪。

原来，张超这些发票有一大半是自己和女朋友一块出去旅游时的费用，以前他也经常用这种手段，只是老总没发现。如今，被老总识破了，他也只有惭愧地离开了公司。

明明两个年轻人的能力、经验不分伸伯，但仅仅是因为诚信，就注定了两个不同的结局。在当今职场中，像张超这样的员工非常多，为了自己的一点儿小利益，将诚信抛之脑后，不惜欺骗公司、领导，最终也只能在遗憾中离开公司；相反，如果大家都能够像刘坤一样，时时讲诚信、事事将诚信，时刻把公司的利益放在第一位，那么，就一定能够得到老板的重用！

在工作中，时时处处都要恪守诚信的原则，只有讲诚信的员工，才能赢得领导的青睐和重用，进而赢得更好的发展平台、更多的发展机会。在职场中，诚信是你的存款，信用是你的抵押，名誉则是你的账号，承诺是你的支票，一旦失去了诚信，就将一无所有！

张青是一个职业经理人，他毕业于名牌大学，不但经验丰富，而且能力超强。然而，一位如此优秀的年轻人，却不得不面对法律的制裁。

原来事情是这样的：一年前，张青受一个私营企业老板的邀请，到这家公司担任职业经理人。这家私企的老板是一个农民出身，只有小学的文化程度，经过自己二十年的打拼，终于为自己开创了一片天地，目前，这位农民企业家的公司颇具规模，足足有1000多人。但是，却出现了家族企业的通病，诸如管理混乱、裙带关系等等。在这种情况下，这位农民企业家就决定招贤纳士，让张青帮助他进行管理。

在董事会上，农民企业家向大家宣布了这一决定，并告诉大家以后公司中的具体管理和经营就交给张青这位“能人”负责，而自己绝不干涉公司中的管理和经营。

张青上任之后，农民企业家就兑现了自己当时的承诺，从不干涉张青的管理和经营。同样，张青也没有辜负老板的厚爱，将自己的全部精力都投入到工作中去了。没过多久，在张青的管理下，公司有了很大的改善。

随后，张青在公司中的威望不断提升，亲信也不断增加。张青便渐渐地有了“更高的追求”。他先是利用自己朋友的名义搞起了“代理人公司”，然后利用一些发票报销的方式将农民企业家公司的资金一步步转移到自己的空壳公司。不仅如此，张青在公司中还刻意突出自己的地位，常常接受媒体的采访，以至于外界人士都不知道谁是真正的老板了。

张青的做法终于引起了农民企业家的愤怒，董事会决定对公司的财务进行监管，经过董事会的核查，张青的阴谋终于败露了。农民企业家在一怒之下，将张青告上了法庭。

在职场中，不论你有多么优秀、多么有能力，一旦失去了诚信，就会一无所有，严重的还会像张青一样，接受法律的制裁。在职场中，诚信是一条生存法则，唯有遵守这条法则，才能有更好的发展；否则，一旦背离了这条法则，就必然走向失败！

诚信是衡量员工人品的试金石，只有时刻用诚信的法则来要求自己，时时刻刻都“做老实人、说老实话，办老实事”，才能够采撷到胜利的果实！

3 养成诚信的好习惯，步步为营

在职场这个江湖中，人才济济，如何才能在众多的高手中占据一席之地，并在职场中得到进一步的发展呢？唯一的答案就是诚信。在职场江湖中，只要拥有了诚信，就等于拥有了成功的秘诀，就一定能够一步步攀登上成功的巅峰！

对于职场人士来说，诚信不仅是员工立足职场的基石，也是员工走向成功的助推器。因此，无论是初涉职场，还是资深老员工，抑或是有了一定发展的管理人士，只要是身处职场江湖，就一定要养成诚信的好习惯。因为只有如此，才能推动自己一步步走向成功。同样，对于企业来说，任何一个老板都喜欢诚信的员工，谁也不希望将一个不讲诚信、随时会背叛公司的“狐狸”放在自己的身边，即使这个员工聪慧过人，老板也不会放心地将公司交给他。这样一来，就会与成功机会失之交臂。

刘颖大学毕业后，凭着优异的成绩和出众的能力，直接进入到一家颇具规模的企业。但是，好景不长，公司由于经营不利，致使资金周转遇到困难，再加上外部经济危机的影响，公司不得不进行重新调整。为了能够保证公司正常运转，董事会决定裁剪部门。在众多的裁减部门中，刘颖所在的部门就是其中的一个。

消息传开之后，整个部门都人心惶惶，所有的人都没心思工作了。有的人开始打电话让朋友帮助自己寻找新的出路，有的甚至拿着部门中正在研发的方案直接投靠其他的公司了……在这种形势下，唯有刘颖还在一如既往地工作，像什么事情也没发生一样。她像往常一样，每天照常上下班，认真地工作。看到刘颖的做法，大家都非常不理解，有的人还提醒她："部门马上就要解散了，你看看大家，都已经开始寻找新的出路了，你还在这里浪费时间做什么。你也不如像大家一样，拿着部门未投入生产的方案，直接到其他公司，这样肯定能得到重用。"然而，刘颖却拒绝了，她说道："怎么能够这样不诚信呢？作为一个公司的员工，哪怕是公司已经破产了，我们也不能出卖公司的机密！"

就在两个人谈话的时候，另一个部门的经理已经悄悄地站在了他们背后。当他们回过头的时候，经理只是笑着让他们做自己的事情了。

半个月之后，刘颖所在的部门正式宣布解散了。所有的员工都开始办理离职手续，唯有刘颖被那一个部门经理留了下来。

想必大家看完这个故事之后，都会考虑这样一个问题："刘颖凭什么赢得了另外一个经理的青睐？"面对公司突如而来的变故，许多人为了尽快谋取一个工作，不惜用公司的机密去交换，如果刘颖也像其他员工一样，即使用机密换得了一个新工作，恐怕也无法赢得新公司领导人的信赖和重用。

有人说职场如江湖，不仅变幻莫测，其诱惑越来越大。在这种情势下，唯有把诚信作为自己的活动原则，才能够在诱惑下保持清醒的头脑，才能在变幻莫测的职场中坚定自己的立场，从而一步步走向成功！

小张是一家建筑公司的材料部门主管，他主要负责公司每年所需要的材料。刚开始的时候，小张对待工作十分认真，并得到了老板的信任。

过了一段时间之后，小张发现他的职位是一个肥差，很多相关供货公司都争相巴结他。于是，他有了"更高的追求"，他逐渐开始从自己的公司揩油，逐渐开始吃公司的回扣。刚开始的时候，小张还比较谨慎，不敢太过分。但是，渐渐地，小张的胃口越来越大，回扣越吃越多。不仅如此，为了从中谋取更多的利益，小张还在公司需要的材料上弄虚作假，利用公司给的高价买一些质量差的材料。

很快，公司的质检部门就发现了这件事情。公司一怒之下，将小张高上了法庭。因为这区区几万元的回扣，小张不但丢掉了自己的饭碗，还不得不接受法律的制裁。

试想之，如果小张在工作中能够坚守诚信，时刻把公司的利益放在第一位，那么，他肯定不会得到如此的下场。然而，小张并没有这么做，在金钱的诱惑下，小张背离了诚信的原则，从而使自己受到应有的惩罚。

在职场江湖中，诚信就是最高的武林秘诀，掌握了诚信，就等于掌握了成功，就能攀登上成功的最高峰；否则，就只能徘徊在成功的脚下。

因此，要想在职场中大显身手，取得成功，唯有将诚信融入到自己的一言一行中，用诚信丈量自己的行为，养成诚信的好习惯，步步为营，方可实现自己的职业理想！

4 诚信助你走上事业巅峰

无数的职场事实都说明了一个道理——诚信是成功的资本。任何一个职业人士，只有播种下“诚信”的种子，才能找到打开成功的金钥匙，从而进入成功的大门，攀登上事业的巅峰。

纵观当前的企业家，尽管成功因素各有不同，但对于诚信却是众口一词。的确如此，诚信是一个人成就事业的必备法宝。如果丧失了诚信，那就等于给自己的成功道路上设置了重重障碍。这样一来，就只能在徘徊在成功的脚下，从而与成功失之交臂！

电视上，主持人正在采访一位在国内很有名气的青年企业家,在即将结束时,主持人提出了一个问题:“你认为事业成功的关键因素与品质是什么?”年轻的企业家并没有直接回答主持人的话,而是对着镜头说出了下面的故事:

十几年前,有一个小伙子高中毕业就去法国留学,继续读大学。并在那一年开始了半工半读的生活。在法国,他发现当地的车站几乎都没有检票口,也没有检票员,甚至连随机检票抽查的机会都很少。于是小伙子凭借自己的“聪明”估算出了这样的概率——逃票能被查到的几率是万分之三。所以,他从那时就开始了他的逃票生涯。不但没有认为这是不诚实的表现,还认为自己只是一个学生,能省就省吧,也没有什么大不了的。

很快,四年大学就这样过去了,当他拿着重点大学的毕业证和优秀的学业成绩,信心满满地开始找工作的时候,结局却出乎他的意料。那些大公司刚开始对他还是很热情,但是没过多久就都对他渐渐冷淡了,甚至是婉言谢绝他。这些公司的行为,让他感到莫名其妙。

后来,在一次面试中,又出现了相同的问题,在又一次遭到拒绝之后,他问道:“贵公司为什么不接受我?是我的能力不够?还是其他的原因?”那位面试官很客气地回答了他的问题:“不是您的能力有问题,相反,我们非常欣赏您的才华。我们之所以会拒绝您,就是因为您有两次乘车逃票的记录。我们认为您有这样的行为说明了您是一个不尊重规则的人,也说明您是一个没有诚信的人。由于有这样的事情发生,所以,我们公司不能录用您,希望您能理解我们的立场。”

直到这时,年轻人才明白自己被多家公司拒绝的原因。后来,年轻人就回国了。回国之后,年轻人时刻将诚信放在心上,无论做什么事情,都以诚信为原则。终于,他在一家公司找到了一个合适的工作。后来,年轻人凭借自己的诚信意识,经过几年的奋斗,终于一步步攀登上了事业的最高峰。

当青年企业家把故事讲完之后，节目现场沉浸在安静的氛围之中，主持人满是疑惑地问道：“这个故事和你的成功经验有什么关系吗？难道你就是故事中的年轻人吗？”

年轻的企业家对着全体观众大声地说道：“对！故事中的年轻人就是曾经的我！我之所以会有现在的成就，就是因为我将过去的‘绊脚石’当成了现在的‘垫脚石’，将过去的不诚信当成了对现在的激励，才成就了我现在的成功。”

青年企业家用自己的亲身经历给职场人士敲响了警钟。的确如此，诚信是每一位职场人士必备的法宝。一旦丧失了诚信，就会失去成功的资本，就会阻碍事业的发展；反之，唯有拥有诚信，才能够在诚信这块“垫脚石”的基础上，一步步攀登上事业的最高峰。

诚信不仅是中华民族的传统美德，也是每一位职场人士的精神财富。一个禀赋诚实的员工，才能赢得同事、领导、顾客的信任，才能达到人生事业的巅峰，从而实现个人的人生价值。

张菲菲是一家知名公司的员工，虽然刚来公司不到一年，但却赢得了总经理的认可和重用。前段时间，张菲菲的部门主管被调到分公司了。为此，公司决定直接从公司中选一位有能力的员工来接任主管这个职务。

经过多方面的比较，公司选出了5名候选人，而张菲菲就是这5名候选人中的一位。为了选择出一位最合适的人才，总经理决定对他们进行一次考核。考核的那一天，这5名员工都早早地来到了公司，总经理亲自为她们安排了工作——给他们每人一大捆宣传单，让他们到指定的街道各自发放。

张菲菲抱着宣传单，来到了公司规定的街道。她见人就发一张，有的人接过去了；有的人都不理睬；甚至还有的人随手接过宣传单，然后就扔在地上，无奈之下，张菲菲只有重新捡起来。就这样，张菲菲忙碌了一整天，可是手上的宣传单还有厚厚的一大摞。

下午5点，张菲菲拖着一身的疲惫回到公司交差。当她走进经理办公室的时候，发现其他的人都已经回来了，并且每一个人都是两手空空。与此同时，张菲菲发现所有的人都在盯着她自己，包括经理。她难为情地走到经理面前，说："对不起，我没完成任务！"

经理什么也没说，就让大家都回去了。出了经理办公室后，一位同事问张菲菲："你怎么剩下那么多呢？"张菲菲疑惑地说道："我确实忙了一天，但只发出去了那么多！""你真傻！"那位同事笑骂道，"其实我也没发完，只不过我把剩下的全部塞进垃圾箱了，想必其他的那几位也是这么做的！"听到这些，张菲菲恍然大悟，但是她一点儿也不后悔自己的做法。

第二天，考核的结果却让大家出乎意料。谁也没有想到，没有完成任务的张菲菲居然在这次考核中获胜，成为下一任的主管。

当上主管之后，张菲菲一如既往地工作。在她的带领下，部门的业绩有了更大的发展。半年之后，张菲菲被破格提拔为副经理。庆功宴上，张菲菲偶然间提到了那次考核的事情，就问经理为何当时选择了自己。经理说："其实你们每一个人一天能够发多少宣传单，我都计算过。那天我给你们的宣传单，用一天的时间根本发不完。其他的人都发完了，唯独你没有发完。答案就这么简单，因为只有你很诚实！"

可见，张菲菲就是凭借自己的诚信赢得领导的认可，从而为自己开辟了更广阔的发展空间，使自己一步步攀登上事业的最高峰。任何一个职场人士，只有坚守诚信的原则，才能升华自己的人品，才能得到他人的信赖、支持，从而使自己获得成功！

笑傲职场、成就事业是每一位职场人士的共同心声，然而并不是每一个人都能找到通向成功的道路。只有拥有诚信的员工，才能冲破职场上的层层迷雾，顺利地攀登上事业的最高峰！

5 奋斗的道路上，勿要打破诚信的镜子

自古以来，诚信就是中华民族的传统美德，是一个人立足社会的根本。然而，在当前社会，随着竞争的加剧，诚信已经远远超出了美德的范畴。尤其是对于职场人士来说，诚信不单单是员工必备的道德素质，更是员工成就事业的资本，实现人生价值的法宝。在职场上，诚信就是员工的一笔存款，唯有先存入“诚信资金”，才有资格和条件去使用它，才能为以后的成功提供资本。

然而，很多职业人士认为，讲究诚信就会使自己受到很多事情的牵绊，会延长自己的奋斗时间。那么，果真如此吗？其实则不然，职场的道路原本就是崎岖坎坷的，并且充满了无数的诱惑，唯有历经风雨、经得起诱惑，才能实现成功。一个人若是没有诚信，即便是得到了暂时的好处，但终究是昙花一现，很快就会黯然失色。相反，唯有坚守诚信，才能够一步一个脚印地走向成功！

小赵是刚从学校毕业的小伙子，为人很诚实，很憨厚。大学毕业之后，就来到一个风景宜人的海滨城市，满怀着美好的希望努力实现自己的奋斗目标。但是，经过很多次面试之后，小赵才找到了适合自己的工作——园林企业的销售员。

小赵在刚开始工作的时候，和其他同事一样，整天围着客户转，与各种各样的客户打交道。虽然业绩不太好，但是这没有让小赵失去信心，他依然保留着工作的积极性，遇到事情总是会从客户的角度去分析，保持着自己的诚信与真诚。渐渐地，小赵的业绩也有了一定的好转，很多客户也都愿意与小赵交流，甚至还会说出自己的想法，与小赵商量对策。

在小赵的客户中有一个对小赵印象很深的，那个客户对小赵公司的老板说道：“你们公司的小赵真是一个好员工啊，既诚

实又真诚，我就是冲着他才和你们公司签约的。”老板也知道小赵的工作态度，但是对方说就是冲着小赵才和自己签约的，那就有点不明白了。于是这位客户开始为小赵的老板解释事情的经过。

“徐总您好，我是小赵，是做红枫的，今天给您打电话就是邀请您来我们的苗圃观赏红叶。”“我现在很忙，过几天再说吧。”三天之后……“徐总您好，我是小赵，现在正是苗圃里红枫最好看的时间，您能抽空过来看看吗？”“不行，我现在没时间，最近得去外地采购树苗，过几天才会有时间。”又一个星期过去了……“徐总您好，我是小赵，现在是我们苗圃里红枫的最佳观赏时间，不知道您最近有没有时间过来考察呢？”“不好意思，我现在在外地，不方便，等过几天回来再说吧。”又一个星期过去了……“徐总您好……”“是小赵吧，你们那边的红枫还能看见红叶吗？”“如果您现在过来，还是能看见的，只是效果没有之前好了。”“小赵，和你通了几次电话之后，我发现你人很好，说话很实在，不会因为想拉业绩就说还能看见最好的红叶，你的报价也很合理。所以我决定过几天不忙了就去你们那边看看树。”大约两个星期之后，徐总就来到小赵的公司看树，看见树之后很满意。于是与小赵的老板签订了订购合同。

工作上，小赵就是一个真诚而且诚实的人，通过自己的诚实赢得了客户与老板的信任，帮自己赢得了晋升的机会。而小赵对自己也充满信心，知道自己肯定会通过诚实的奋斗精神实现自我价值。

工作上，只有诚实的人，才会得到别人的信任与尊敬，进而才会取得事业上的成功。而那些不诚信的人，不仅会丧失自我，还会失去他人的信任和帮助，从而为自己的职场道路上设下障碍。

相信每一个人在踏入职场时，都有自己的职业理想。但是在奋斗的过程中，唯有坚持诚信的人，才能够实现最终的胜利。反之，如果失去了诚信，不要说成功，就连在职场上立足都可能出现问题。这样的人，不但无法实现自己的职业理想，反而会使自己一事无成。

李杨大学毕业后来到一家房地产公司上班，他从最基本的销售人员做起，经过两年的拼搏，终于得到了领导的赏识，被提拔为销售部主管。

然而，在最近的两年中，由于受到外部经济、市场的影响，李杨所在的公司受到冲击，原本开发的楼盘一下子滞销起来。为了改变这一现状，李杨和部门中同事奋力拼搏，并积极为公司的发展出谋划策。但由于种种原因，公司不但没有得到好转，反而一天比一天差了。

在这种形势下，很多员工都纷纷跳槽了。李杨虽为部门主管，但也开始动摇了。一天，李杨和一个朋友在酒吧喝酒，得到一个消息：某大型房地产公司正在招聘销售主管，而且待遇非常好，并且朋友和那个房地产公司的人事经理认识。好友的一番话，李杨心动不已。没过几天，李杨就辞职了。

为了尽快赢得新公司领导的好感，李杨还把自己以前公司的销售方略等机密文件带了过来。刚开始的时候，李杨的确受到了热烈的欢迎，但是没过多久，他就发现领导越来越不重用他，并且底下的员工也不配合。

一个偶然的机会，李杨听到同事们的议论："吃里扒外的东西……""为了得到重用出卖以前公司的机密……"李杨没敢接着往下听，就匆匆地离开了。

两天之后，李杨就向人事部递交了辞呈。

相信李杨初涉职场的时候，同样也是胸怀大志。但由于丢失了诚信的原则，最终使自己无法在职场上立足，所有的梦想也化为泡影。可见，诚信不仅仅是一种道德素质，更是员工实现梦想的重要资本。

在职场奋斗的过程中，成功没有捷径，唯有坚守诚信，才能一步步攀登上胜利的高峰。否则，只会使自己一事无成！

6 诚信是职场永恒的原则

朗讯CEO曾说："我相信忠诚的价值，对企业的忠诚是对家庭忠诚的延续，我从柯达重回朗讯，承担拯救朗讯的重任，这是我对企业的一份忠诚。我一直把唤起员工对企业的忠诚作为自己努力的目标。"的确如此，在当前职场中，"诚信的员工"已经成为所有企业的共同心声，每一个企业都希望自己的员工能够保持诚信。

如今，诚信远远不再是一个道德范畴的要求，更是职场中永恒不变的原则，是企业衡量员工优秀与否的重要标准。对于员工来说，只有恪守诚信的活动原则，才能赢得职场的胜利，成就自己的事业。同样，对于企业来说，老板需要诚信的员工。因为只有诚信的员工，才能在工作中尽职尽责，才能急企业之所急，忧企业之所忧，才能让老板放心地将工作交给他们。

一家大型的外资企业想要招聘一名技术人员，面向社会发出了招聘启事，给出的条件相当优厚，因此吸引了很多人前去应聘。詹利也是众多应聘者中的一名，他本来就是一名技术人员，由于以前的公司效益不好，所以下岗了。面对该公司的考题，他并没有觉得有什么困难，回答得很顺利。

但是，面对第二份考题的时候，詹利就显得为难了。虽然说第二份考题并不困难，但只要答出来，就会对不起以前的公司以及以前公司里所有的同事。原来这道题目是这样的："您所在的企业或者曾任过职的企业经营成功的诀窍是什么？技术秘密是什么？"经过激烈的思想斗争，詹利觉得自己不能说出公司的秘密，本来公司现在效益就不好，要是自己再将其商业机密说出来，只会让公司更快倒闭，自己不能这么做。于是，他在试卷上写了四个大字：无可奉告。

考试结束之后，詹利觉得没有什么希望。于是，他又投入了继续找工作的队伍中。就在他想要找别的工作时，该外资企业向他发出了录用通知，并说出了那第二份考题其实就是在考察员工的信用程度，公司很欣赏詹利的诚实守信。

詹利对这份来之不易的工作非常珍惜，他一如既往地工作，时刻保持认真、诚信的态度。因此，没过多久，詹利就赢得了上司的欣赏，并在短时间内得到连续提升。

詹利就是凭借自己对前公司的信用，帮助自己赢得了新公司的信任，最终获得了那个令人垂涎的好工作。可见，诚信是职场中永恒的原则，尽管看不见、摸不着，但它无时无刻不在影响着每一位员工。

在职场中，诚信无时无刻不在发挥着作用，是衡量一个员工的标准。唯有经得起外界诱惑的考验，始终保持诚信的态度，才能在职场中笑到最后；否则，一旦触犯了这条原则，就会受到诚信的处罚，从而使自己一无所有。

周明是一家公司技术部门的主管，在一次公司例会上，与自己的上司发生了一点意见上的冲突，双方都对对方的意见不满意，最终都没有达成共识。而公司的竞争对手在了解到这件事之后，想要通过这件事拉拢周明到自己的公司，给出了很多周明现在想都不敢想的优惠条件，升迁的机会也比以前多很多。周明动摇了，但是觉得在离开公司之前，应该给公司一点苦头，以解自己的心头之恨。于是，他暗地里将公司的机密文件以及客户的电话散布给了公司的各级经销商。使得公司上下一片混乱，各地经销商将公司的电话都要打爆，给公司带来了巨大的损失。对于这一切，周明却显得很是满意。于是，他就带着自己的"杰作"，来到了向他伸出橄榄枝的公司。

但是，意外发生了，周明并没有受到对方的欢迎，反而被对方拒之门外。对于这一点周明很不解："当初是你们说要让我过来的，现在为什么又不接受我了呢？"对于周明的困惑，该公司的负责人给出了答案："你能为了进我们公司而将以前的公司弄得乱七八糟，泄露商业机密，难保以后不会出现这样的情况。公司有你，就相当于是有了一个不定时的"炸弹"，随时都有爆炸的可能。如果你是我，你会要这样的员工吗？"听到这里，周明还是没有觉察出自己行为的不对，还想为自己争取机会："当初是你们给出那么优厚的条件，让我从以前的公司过来。你们这样做，不就是想让我将以前公司的机密也带过来吗？现在我做到了，你们反而不要我了，你们这样做是什么意思啊？"该公司的负责人听了周明的话之后，不禁更加坚定了不让周明来自己公司的决心。对周明说道："我当时希望你能过来我们公司，并不是说希望你能将公司的机密一起带过来，而是单纯地欣赏你这个人，希望你能为我们公司效力。是你误会我的意思了，而你现在做出来的事，让我很后悔自己当初的决定，我们公司不欢迎你这样不讲诚信的人。"周明听到这里，才明白对方的意思，也才明白自己做了多么愚蠢的一件事，不仅让公司受到了损失，给自己的"再就业"也带来了一定的阻碍。

在职场道路上，如果周明能够像詹利一样，不为外界的利益所诱惑，时刻保持诚信的态度，恪守这条职场原则，那么，他也不会出现如此后果。

诚信是职场上永恒的原则，有着神奇的魔力。只要你恪守这条原则，它就会引导你一步步走向光明，实现自己的职业理想；否则，这种魔力就会将你带到失败的低谷！

7 诚信胜于一切雄辩

在职场中，这样的现象屡见不鲜：在老板面前，夸夸其谈；面对无法完成的工作，搜肠刮肚找各种理由；一旦出现了问题，马上就把责任推到其他人的头上；公司一旦出现问题，马上就落井下石，带着机密跳槽……

如今,诚信已经成为职场上的一道亮丽的风景线。正如人们常说的"事实胜于雄辩"一样,一点点儿诚信也会胜于一切雄辩。众所周知,人以诚为本,诚信是员工在职场上立足的根本,也是实现成功的重要资本。可以说,诚信拥有一种巨大的魔力,只要诚信一出现,所有的辩解都会显得苍白无力。

张辉是一家电气公司的推销员。虽然他刚来公司没多久,但是他的业绩却遥遥领先于其他的同事。对此,同事们都十分疑惑,大家在底下纷纷议论:"张辉平时既不善言谈,也没有出众的能力,为什么能取得这么好的业绩呢?"

正如大家所言,张辉的确没有出众的口才,在客户面前,他无法像其他同事一样口若悬河,但是张辉却有自己的法宝,那就是——诚信。在工作中,无论是对公司、上司,还是自己的客户,张辉都能始终保持诚信的态度。

一次,张辉去一家商场推销剃须刀,在刚开始的时候,做得非常不顺利,商场经理直接拒绝了张辉的产品。但是张辉并没有灰心,在他的坚持下,商场的经理终于答应了。对此,张辉非常开心。但是,几天之后,张辉在无意中发现自己推销的这种剃须刀存在质量问题,他把这一情况反应给公司之后,就直接找到那家商场的经理,向他解释清楚,并不停地向商场的经理道歉。

那位商场经理听完张辉的解释之后,不但没有生气,反而开心地握住了张辉的手,说:"谢谢你,我希望以后能和你多多合作!"就这样,在这位商场经理的介绍下,张辉一下子拥有了许多客户,成为公司业绩最为突出的员工。

虽然张辉没有其他同事的口才,但是他却用自己的诚信为自己赢得了更多的客户,从而赢得了更多的发展机会。可见,在职场中,不论你多么能言善辩,都无法掩盖事实的真相,严重的甚至还会欲盖弥彰。唯有诚信,才能得到他人的信赖,才能取得最终的胜利。

诚信是一种事实,胜于一切雄辩。它是做人的根本,是人的基本素质、优秀的品质。在职场中，只有讲诚信的员工，才能更好地立足于职场，尽快实现自己的事业理想。

一位士兵，非常不善于长跑，在一次部队组织的越野赛中被战友们远远地抛在了后面。他只有一个人孤零零地跑在最后面，在转过几道弯之后，他来到了一个岔道口，岔道口那边有两条路，其中一条是军官跑的，另外一条是士兵跑的。

他仔细观察了一下那两条路，发现军官要跑的路是笔直的，而士兵要跑的路却是弯弯曲曲的，心里感到不平衡。但是，最终还是朝着士兵的路跑过去，以为自己会是最后一个到达终点的人，却在到达终点之后发现自己是第一个。士兵对自己所取得的成绩感到不可思议，因为自己连前 50 名的成绩都没有取得过，怎么会是第一名呢，肯定是战友们合起来骗自己。

然后，他就站在旁边等着其他的战友。一直等了几个小时，才看到他们陆陆续续地跑了过来，每一个人的脸上都写满了疲惫。然而，当战友们看到那个最不擅长长跑的战友获得胜利时，都非常诧异。后来，战友们才知道，原来那个取得第一名的士兵是从士兵跑道跑回来的，而他们自己却禁不住诱惑，选择了军官跑的那条道。

但是，有的战友还是很不服气，找到领导说："我们和他跑的路程比起来要长很多，而他在平日里从来都是跑得最慢的一个，这次他能赢就是因为他跑的距离短。如果公平一点，大家再比一次，让我们跑同样的路程，我们肯定会赢得这场比赛，虽然在我们这些人之中不能肯定谁能夺得第一名，但可以肯定他是得不到第一名的。"话说到这里，这些士兵个个都大有再比一次的意思，他们觉得这样的有理有据的辩解一定可以说服领导。但是，领导的话却让大家大吃一惊，领导严肃地说道："你们说的很有道理，这样的辩解似乎也十分合情合理，但是我想说的是，你们之所以会输掉这场比赛，就是因为自己的不诚实！"士兵们还想说什么，但是领导却拦住了他们："不用辩解了，诚实才是最有利的证据，你们已经输了！"

不善长跑的士兵最终因为诚信而赢得了胜利，而不诚信的士兵虽然满腹理由也只能认输，因为在诚信面前，一切辩解都显得苍白无力。

在职场中更是如此，一点点儿诚信胜于一切的辩解。因此，作为一个职场人士，不要再搜肠刮肚地为自己迟到、没完成任务……来辩解了。与其无谓地辩解，还不如寻找自己的诚信，用诚信来证明自己！

8 诚信，众望所归

自古以来，诚信就是一条自然法则，每一个人都必须在这条法则下活动，一旦违背这条法则，就必然受到惩罚。无数的事实证明，唯有恪守这条诚信法则，才能得到他人的信任、他人的帮助、众人的爱戴。反之，一旦违背诚信的法则，就必然会使自己"失道寡助"，成为"孤家寡人"。

自古至今，无数的事实向我们道明了：讲诚信的人才能在社会上立足，才能得到天下。在众多的历史典故中，"春秋五霸"之一的晋文公重耳就是其中最具典型性的例子，他的成功与诚信有着密切的关系。

晋文公的父亲晋献公在位时，其宠姬骊姬为了能让自己的亲生儿子被立为晋国的储君，将晋献公的长子申生设计害死了。而且还将公子重耳与夷吾赶出了晋国，重耳在外面过着风雨飘摇的日子。经过千辛万苦，经过各个诸侯国，每到一个国家对方对他的态度都很是冷淡，甚至还对他百般羞辱。但是，来到楚国的时候，楚国国君没有像其他国君那样对待他，而是热情款待，像是对待自己的朋友一样，这样的态度让重耳十分感激。

一天，楚成王设宴款待重耳，席间突然问道："如果将来有一天你能回到晋国，并且当上国君，你会怎样报答我？"这个问题对于重耳来说确实是一个难题，他低下头想了一会儿，说道："楚国什么都不缺少，我真不知道要怎样报答您。”楚成王听了重耳的话之后，笑着说：“总不能一点表示也没有吧？”重耳又仔细想了一下，对楚成王说道：“如果我真的能当上晋国的国君，将来万一有一天楚国与晋国交战，我将会让我的部队退避三舍。”楚成王听了重耳对自己的承诺之后很满意。

楚成王在听到重耳给予自己的回答之后也感觉到了重耳的远大雄心，但是他始终相信凭借楚国的强大实力，以及重耳的“退避三舍”的诺言，即使真的有楚国与晋国发生战役的一天也是楚国获胜。于是，决定帮人帮到底，甚至决定将重耳送回晋国。

最后，重耳在楚成王的帮助下去了秦国，并最终在秦国的帮助下回到晋国登上王位。而晋国也在重耳的领导下很快就发展成了一个强大的国家。后来楚国攻打宋国，宋国向晋国请求帮助，晋国答应了。于是，有了晋楚城濮之战。然而在战场上晋国国君想起了自己对楚王做出的“退避三舍”的诺言。开始时士兵们都不肯后退，但当他们知道了这是源于一个承诺时，都感到了自己的国君是个讲诚信的人，因此个个都在“退避三舍”后斗志昂扬，并最终取得了战争的胜利，而晋文公也因此成就了他“春秋五霸”之一的千古霸业。

晋文公用自己的诚信，换得了战争的胜利，这种结果可以说是众望所归。无论是战场还是职场中，任何一个人只有讲诚信，才能得到下属或者他人的信任，进而得到他人的帮助。这样一来，便会人心所向，不成功都难；否则，就必然会众叛亲离，进而走向失败！

同样，在职场上，每一个员工都希望在竞争中取胜，都希望得到同事的帮助和领导的重用。那么，唯一的办法就是诚信。只有讲诚信的员工，才能得到大家的一致好评，从而成就自己的事业；反之，就会亲手葬送掉自己的前程。

林爽是一家高科技公司的业务主干，他的工作能力非常强，无论多么难的工作,他都能顺利地将其完成。因此,林爽在公司中可谓是大名鼎鼎,深受同事和老板的爱戴。

一次,老板派他去海南出差。等到工作完成返回公司的时候,才发现自己将一部分发票丢在了车上,林爽估算了一下,大概有500元左右。正在他等车回公司的时候,一个中年妇女来到他面前,神神秘秘地说道:"要发票吗?"林爽迟疑了一下,然后就掏出了50元,购买了价值500元的各种发票。

在回公司的路上,林爽心里十分矛盾,但转念一想,这也是自己应该得到的。于是,他就放心地回了公司。当他把工作给老板交代清楚之后,就把发票给了老板。老板什么也没看,签了字就让他去找财务报销。然而,当他在财务室报销的时候,会计突然发现了那些假的发票。

没过多久,这件事情就传到了老板的耳朵里。林爽站在老板面前,拼命地想解释清楚,但结果却像墨水擦黑板一样,越擦越黑。对此,老板非常生气地问道:"那你刚才回来的时候,为什么不给我解释清楚?"在老板的质问下,林爽惭愧地低下了头。

后来,经过公司的核查,确定了林爽遗失的票据,但是公司仍然对他进行了处罚。三个月之后,公司进行人事调动,原本最有希望的林爽却因"假发票"事件,被取消了资格。

仅仅是一念之差,林爽在公司的地位就发生了翻天覆地的变化,因为自己的一时不诚信,毁掉了自己美好的前程。在职场上,我们经常会遇到这样的事情,但是不论什么原因,只要背离了诚信的原则,就势必会"失去人心",从而影响到自己以后的发展。

的确如此,诚信拥有无比强大的力量,只要拥有它,就能赢得人心,得到众人的爱戴,进而给自己带来无尽的财富;一旦失去它,必将成为"孤家寡人"!

第五章　恪守诺言，实践诺言

巴尔扎克曾说过："恪守诺言就像保卫你的荣誉一样。"一句话足以道明了恪守诺言的重要性。同样在我们中国也有"一诺千金"的说法，许下的诺言就一定要实践。因此，无论何时何地，我们都必须做一个言出必行的诚信之人。

1 许诺也要讲究"策略"

许诺就是我们对于别人的一种承诺,既然承诺了就要遵守我们的诺言。职场生活中,但凡优秀员工都具备这样一个职业素养,那就是遵守承诺,这样的人也是一个有良好信用的人。事实也证明,信守诺言是赢得领导青睐、同事帮助的资本,你的信用越好,与成功的距离就越近。因此,无论遇到什么情况,都要对自己说出去的话负责,并以实际行动证明自己是一个非常信守承诺的员工。而那些食言而肥的人永远也不可能得到机会的眷顾,在职业发展的道路上会四处碰壁。

但是,许诺不是盲目地瞎承诺,对别人做出承诺也要讲究"策略"。在我们对别人做出承诺之前必须对自己以及自身能力有一个清醒的认识,然后根据自身情况给出与之相适应的诺言,做到这些才能保证许下的诺言顺利实现,而你也会因为信守承诺、为自己的诺言负责,从而受到别人的敬重。一个不考虑自身情况就胡乱地给别人许下承诺的人,最终只会失去别人对你的信任。

从前有一对夫妇,结婚10年,都没有孩子。两人为此十分苦恼,整天向老天祈祷,希望能让他们有个一儿半女,以便老有所依。可能是他们的祈祷感动了上天,在他们结婚后的第13年,一个可爱的孩子降临人世了。孩子的出生给这个家庭带来无数欢乐,夫妇两人总是想着法让孩子高兴。

在孩子5岁那年,一天爸爸要到地里干活,可是孩子非要跟着去。于是,父亲对他说:"你在家听话,等爸爸回来用树枝给你做个漂亮的飞机。"

听父亲这么一说,孩子就乖乖地在家等着。可是爸爸回来时,孩子却非常失望,因为在他眼前是一个奇丑无比的"飞机"。

的确,树枝怎么可能做出一只完美的飞机呢?从那以后,孩子不再相信父母的话,而且还学会了像他们一样承诺一些不着边际的事情。

一天,夫妇俩正在做饭,突然儿子发疯似地跑了进来,后面还追进来很多小孩儿,他们边跑边嚷嚷着:“给我1块钱!给我1块钱!”

原来,他们的儿子与小朋友玩耍的时候,扬言说谁要是能比他跑得快,他就给谁1块钱。结果,这些小孩子个个都比他跑得快,于是就发生了刚才那一幕。无奈之下,夫妇俩只得把钱分给了那些孩子。

一个诺言就是一份责任,当你说出口之后就要实现它。然而,我们都是凡人,不是所有的事情我们都能够办到,所以当你准备向人许诺的时候,一定要想清楚,什么样的诺言可以许,什么样的诺言不能许。

职场生活同样也是如此。如果你能够办到一件事情,那么你的许诺是有效的,而且当你兑现它时,你也会因此而得到别人的尊敬和赞赏;但是如果你根本办不到就胡乱许下诺言,当你无法兑现时,人们不会因为你没有能力兑现就原谅你,反而会因此对你充满鄙夷。

惠斌进入这家公司时仅仅是一个普通业务员,但是他勤奋肯干、业绩突出,没几年的功夫就成了这家公司的业务经理,管理着一个由30多员工组成的团队。

有一次,在部门会议上,惠斌对大家说:“大家好好干,只要我们今年的销售额能够突破100万,年底我保证每人至少拿2万奖金。”

听了惠斌的话,大家干劲十足地努力工作。到了年底,销售额果真突破了100万。这时,有人和惠斌提到了奖金。于是惠斌向领导打了报告,希望领导能够帮他兑现这个承诺。但是领导却生气对他说:“胡闹,公司给员工的奖金都是有规定和比例的,这个问题我解决不了。”

无奈之下,惠斌只好硬着头皮向下属解释其中缘由,大家听到这话自然十分气恼，有人甚至还丢给了惠斌一句话："没有金刚钻就别揽那瓷器活。"

的确，在工作中，我们就应该用最真诚的态度来对待许下的诺言。不论付出多大代价，都要对自己的一言一行负责。比如说，既然我们答应了老板要在规定时期内完成工作任务，哪怕是加班加点，我们也应该给领导交一份满意的答卷。也只有这样的员工才能受到领导的青睐，一步步走向成功。

但是，恪守诺言也应该掌握一定策略，对自己没有把握实现的诺言，最好是三思而后行。我们不能为了博得领导的好感，就随意夸大自己的能力，许下不可能完成的任务，到头来只能给自己带来麻烦，甚至得不偿失。同时，无论许下什么诺言，对任何人都应该是平等一致的，无论对方是什么身份都应该一视同仁。当然，这种一视同仁还必须是以自己能否真正实现诺言为基础。无法实现的诺言，无论对象是谁，只会给对方留下你不守信用、没有诚信的印象，这样对己自然是没有好处的。

所以，当我们许诺的时候，一定三思而后行，学会"许诺策略"。

2 言出必行，许诺必守

当我们向别人做出承诺之后，就应该全力以赴地去实现它。说到就应该做到，一个人给出了十次承诺，哪怕你只有一次没有做到，也可能恰恰因为这一次不守信而影响了往日的良好形象。因为一个不守信用、说话不算数的人，是不会得到他人认可的。

作为员工，说话算话、言出必行，是一种极为重要的职业素养，也只有这样的人才能让自己的职场发展越走越顺。而不守信用的人，即使个人很有才干，最终也只此而失去更好的发展机会。

梁先生是一家公司的销售人员，在面试的时候，面试官对他的印象就很好，对他也给予了很高期望。甚至当时就有意培养他担任公司的销售主管，因为在面试官看来，梁先生在这方面确实很有才干。

面试过后还有一个培训期，在培训期内，为了加深新员工对公司产品以及市场情况的了解，公司特别安排他们针对市场进行分区调研，并要求他们在调研之后给出一份调研报告。而调研报告要尽量详细地写出所调研地区的各个渠道情况的详细记录，以及自己对该企业的市场竞争状况、存在问题与机会等方面的内容。

当所有人将调研报告交上来的时候，梁先生的报告最透彻，对问题的分析也最深刻，而其提出的建议也很中肯。经理看到这些报告的时候，对梁先生的报告很满意，并当场表扬了他。

但是，培养梁先生作为销售主管，还必须对其能力有更全面、更充分的认识。于是，经理将所有人的调研报告交给他，让他针对这些报告给出一份详细的市场报告，也就是将该城市的地图按路线划分出来，并在地图上标出主要渠道的具体分布位置，而这是考察一个基层主管的一个基本形式。

梁先生接过任务后，觉得很简单，于是对经理说："没问题，请经理放心，我一定完成任务。"但是，这件事情过去都很久了，梁先生还是没有交出那份调研报告，也没有给出自己的解释，而经理也觉得这样的工作或许对他来说太难了，所以也就没有向他要那份调研报告。

眼看培训期就要结束了，在培训期结束之后，经理让梁先生以一位主管的身份结合培训内容以及对市场的了解，做出所调研市场的具体运作方案。同时，还要求内容要完全从销售主管的角度来写。经理认为这个任务有一定难度，于是，给梁先生充分的时间去准备，而他还是老一套："没问题，请您放心，保证完成任务。"可是，最终结果依旧像上次一样，到了规定期限，还是没有交出运作方案，而且梁先生也没有给出一个合理的解释。

后来，公司决定从新员工里面挑选一位担当销售主管一职。但是，经理却没有推荐梁先生，而最终推荐了一个能力不如梁先生的人。在经理看来，梁先生最大的问题就在于他不是个说话算话的人。

言出必行是每个员工都应该具备的职业素养，也许信守承诺会让人暂时地"吃亏"，但是"吃亏"之后带给我们的却是成就与利益。因为言出必行的品质可以帮助我们赢得他人的信任，进而给自己带来更多机会。而一个无法做到言出必行的人，只会像梁先生那样，失去理想的机会。

小姚在大学时期就是品学兼优的好学生，毕业之后凭着自己出色的表现，成功进入一家外企。刚开始工作时，小姚对工资没有一个很好的估计，只是借鉴师兄师姐的经历对用人单位说自己的期望月薪是3000元。于是，与用人单位签合同时，就清清楚楚地写上了月薪3000元，并签了三年。

正式上岗后，小姚的工作态度非常认真，领导也很满意。一年之后，又来了一批新同事，而新同事对领导说的薪资要求却是5000元，领导也同意了，可是小姚对此却感到很不公平。在他看来，自己也应该向上司要求加薪。而且，几个朋友也帮他出主意，要么辞职，要么要求加薪。但是，小姚想到自己和公司是签了合同的，合同上写的是多少就应该是多少，如果提出加薪或是直接辞职，都是不诚信的表现，因此决定等到三年合同期满了再做决定。

虽然小姚已经决定合同结束就离开公司，但是在合同期他还是很认真地在工作。很快，三年就过去了，当小姚来到总经理办公室准备将辞呈交给他的时候，总经理主动走过来，很热情地招呼小姚坐下，并拿出一张储蓄卡，对小姚说道："这个是这两年以来你应该得到的工资，之前我们一直是按照合同来履行的。后来，员工工资有上调的情况，按照合同也不好给你加，现在合同到期了，就将你应得的那部分工资放进这张卡里了。希望你还能在公司继续工作，工资会按照上调之后的标准发给你。”小姚听了总经理的话之后，高兴得都不知道该说什么了。

这时总经理带着小姚走出办公室，对大家说道：“小姚是一个好员工，对待工作认真负责，也信守自己的承诺。现在，我们公司建了分公司，所以现在我决定任命小姚为分公司经理，工资按照部门经理的标准。”

言出必行，许诺必守，是每一个职场员工都应该做到的，而故事中的小姚恰恰是因为自己信守承诺而最终得到了骄人的业绩。这也告诉我们这样一个道理：当我们向别人许下承诺的时候，一定要尽力做到，这样不仅能得到他人的信任，而且还能帮助自己取得更多成就。而一个人如果无法做到言出必行，只会让自己与成功失之交臂。

3 承诺无小事

生活中、工作中，我们都会做出很多承诺，但是既然已经做出了承诺就一定想方设法将其兑现，即使不能如期实现，也应该向对方解释清楚，否则只会给对方留下不好的印象。也许不少人认为，只有重大承诺才必须兑现，至于日常小事，就大可不必如此认真了。其实则不然，许诺必守，不论事情的大与小，既然已经将诺言许下，就必须按照诺言去做。

职场生活中，多数员工都会无意中做出这样的承诺：“放心，这个任务我一定完成！”“以后再也不会发生这样的事情了。”“从今天开始，我再也不会迟到了。”可以说，这些承诺就是当今职场的真实写照。然而，由于这些事情看起来“微不足道”，很多人许下诺言之后，就把它忘得干干净净。即使被问起来，他们也振振有词，说什么“小事一桩，何必当真”之类的话。

职场需要诚信，无论大事还是小事，我们都必须遵守许下的诺言。这既是对对方的一种尊重，又是对自己负责任的一种表现。如果不重视承诺，最终受害的只会是自己。承诺就好比自己的一张信用卡，而不守承诺只会让你透支上面的信用额。这样的透支,也许一次两次能给自己带来一定好处,但是次数多了只会增加别人对你的不信任,最终只会让自己受到损失。

柳林是一家超市市场部的工作人员,这天他所在的超市和郊区的一个客户谈好要送一批货物过去。但是,正要发货的时候,却突然下起了大雨,而且郊区道路又不比市区,到处坑坑洼洼,所以柳林的同事建议他第二天再去送货,只要和客户说明情况,客户一定会理解的,这也不是什么大不了的事情。但是,柳林却说:"这可不是小事,既然和客户承诺了,就一定要把货送到。"

说话中间,柳林就头也不回地送货去了。最后,他终于来到那个郊区。脸上没有不耐烦的表情,反而愉快地将食品搬下车,并将货物一箱箱地扛到位于五楼的客户家中。当小区业主看到柳林这一举动之后,都不由得对柳林的服务态度夸耀起来,还说以后一定要多光顾柳林所在的这家超市。

后来,该小区甚至是附近的小超市以及饭店,都成了柳林所在超市的客户。而柳林也因为给公司带来了不少生意而得到了晋升加薪的机会。在一次员工表彰大会上,超市经理感慨地对员工说:"一个员工想要成功,就得信守承诺,这样才能得到别人的信任,而你也会因此得到更好的回报。"

信守承诺,不给自己的行为找借口,答应别人的事就应该尽力去做,这不仅是对自己,也是对他人的一种负责任的态度,而且这样的人也能得到别人的尊敬与信任,进而为自己带来更好的发展机会。但是现实职场中,我们常会遇到这样一些员工,对于自己应该信守的诺言,往往觉得是无所谓的事情。下面故事中的萧萧就是一个例子。

萧萧大学毕业后顺利进入一家大型私营企业,从入职第一天起,她就给公司领导和同事们留下了做事勤快、工作能力强的印象,而且萧萧个性随和,与公司同事相处得也不错。对于她的这一工作表现，老板也曾暗示要给她升职与加薪。但是，眼看与她同时入职的同事都加薪的加薪、升职的升职，萧萧依旧是原地踏步，心里不免抱怨老板是个不讲信用的人。然而事实却不是萧萧想的那样，老板不是一个不讲信用的人，之所以升职加薪没有她的份也是有原因的。

一天，离下班时间还有半个多小时，萧萧觉得今天的工作任务完成得差不多了，应该让自己放松一下了。于是，在QQ上和朋友聊了起来，可是与朋友聊得正起劲的萧萧根本就没有注意到站在身后的老板，当老板走开的时候她才反应过来老板一直站在身后。虽然老板当时并没有说什么，但是萧萧明显地感觉到，他对自己的态度没有以前那么好了，也不再提升职加薪的事了。

后来，在朋友的点拨下，萧萧才意识到是自己没有注意履行承诺。公司明明有规定，上班时间不准用任何网络通讯工具聊天，不许做与工作无关的事情，很显然，自己在工作时间聊天就是一种不守承诺的表现。

遵守信用，也是敬业的一种表现。工作时间不做与工作无关的事情，这是每个身处职场的员工都应该遵守的职业准则。在竞争如此激烈的职场，也许一次的透支就足以将你所有的积累化为乌有，就如故事中的萧萧一样，让自己与成功擦身而过。而只有那些遵守承诺的人，才会一步步走向成功。

杨小姐是一家公司的部门主管，她是靠着朋友的关系进入这家公司的。所以，没有经过什么严格培训，就直接当了该公司的部门主管。对于杨小姐来说，这份工作本来就是一个很好的发展自己的机会，但是她却没有把握住，最终甚至因为自己不守承诺而不得不离开该公司。

杨小姐作为部门主管，可以说是承上启下，但是她在工作中乃至日常小事也总是欺上瞒下，无论是对领导还是对下属都是话说得漂亮，但是一落到实处就会出差错。虽说她也给出了很多具有吸引力的承诺，但是总不见她有所行动。虽然都是一些小事，但是一次次的失信不免让同事和领导对她失望大于期望。渐渐地，在公司无论是与领导的关系，还是与下属的关系都搞得很尴尬，没有人愿意与她说话，更没有人愿意亲近她，就连当初推荐她进公司的朋友都与她保持着一定距离。

对于杨小姐来说，由于刚开始着手这份工作，和同事都还不是很熟，再加上现在又将自己陷进这样的尴尬处境，所以，工作起来很费劲，同事们也不愿意给她提供帮助，最终只好无奈地离开了公司。

履行承诺是对工作负责的一种体现，也只有认识到承诺无小事，努力实践自己诺言的人，才能得到他人的信任与帮助，工作自然也会更加顺利。而只有承诺、没有行动的员工，只会像杨小姐一样让自己处于被动状态，最终失去工作。

实践自己的承诺是一种可贵的品质，这是无论从事什么职业、处于什么职位的员工都应该具备的。在工作中，对自己的承诺负责，也会给自己带来很多方便。

4 守信无极限

无论身处何地、无论什么时候，诚信都是不会过时的，因为诚信就是做人的根本。对于职场人士来说，想要得到多数人的信赖，就必须要有诚信。只有遵守许下的诺言，才会在自己周围营造出和谐与宁静的氛围，才会让你的职场发展之路顺风顺水。而一个没有诚信的人，很可能会使累积的无形资本毁于一旦。失去累积的诚信资本，要想再次获得就要回到原点，一切从零开始，甚至退几步再开始。

所以，从某种意义上说，我们可以说“守信无极限。职场做事和做人坚持诚信，就是自身的立足之本、发展之本。如果为了一时之利而丢了诚信，就如大楼失去根基，结果往往只会得不偿失。

大专毕业的黄杰跟其他求职者一样毕业没多久就挤入就业大军的浪潮中。可是，在竞争如此激烈的人才市场，单凭一张大专文凭是很难找到一份像模像样的工作的。然而，就是黄杰这样一个不是最优秀的求职者，却找到了一份让很多人都羡慕的好工作。当周围人问黄杰是怎样找到这样一份好工作的时候，他只是淡淡地说了两个字：诚信。

原来，与黄杰一起应聘那家公司的求职者有很多人，他们无论是从学历、还是从能力上，都比黄杰优秀。但是他们不是在回答面试官的问题时做假，就是在简历上做假。而黄杰之所以被留下来，恰恰是因为他实事求是的为人。

在与黄杰一起面试的求职者中，有一位是黄杰觉得很优秀、肯定能被录用的应试者，但是最终却因为简历问题而被刷了下去。黄杰与同学们说起这个人的时候，还是满脸疑惑："那个人很优秀，毕业于名牌大学，在校期间就得过很多大奖，而且在别的单位也有过实习经历，可是我一直弄不明白为什么这样的人还会被刷下去呢？好像只是在面试的时候，说自己喜欢攀岩，而面试官刚好也很喜欢攀岩。于是，面试官就开始和他聊了几句攀岩的事，但是经过聊天发现他其实根本就不会攀岩。之所以这么说，完全是为了增加自己被录取的筹码，但是让他万万没有想到的是竟然会因此而被刷下去，其实我倒是觉得他既然有那么强的能力，撒一点小谎也是可以原谅的，但是面试官却没有给他机会。"

职场中，诚信就是一个人的立足之本，不管在什么情况下，诚信都应该放在首位，追求诚信也是没有极限的。无论对公司来说，还是对个人来说，诚信永远都不会过时。黄杰的可贵之处就在于他没有为了一时之利而不讲诚信，最终恰恰是凭借自己的真诚从竞争激烈的人才市场中胜出。

事实也证明,面对充满竞争的社会,诚信可以帮助我们提升竞争能力;一个讲诚信的员工,在职场中也会得到很多更好的机会,他的生活也会因为诚信而变得充实丰富。而一个在面试环节就撒谎的人,即便各方面都很优秀,又何以能保证他在日后工作中不会出于其他考虑而撒谎呢?这样的员工又有哪家公司敢聘用呢?

因此,为了自己的职业发展,每一个人都要信守诺言,坚信守诺无极限。要知道,信守诺言不仅仅是职场生存的准则,更是一个人驶向成功的保障。

5 言行一致,慎乎言行

在职场中,言行一致是赢得上司赏识与同事认可与肯定的重要因素之一。而且只有说到做到的人才能赢得机会的青睐,甚至因此改变自己的命运。

而那些只说不做、言行不一致的人,则是无法在职场上立足的。这些员工的所言所行往往从自身利益出发,而不是站在公司的角度考虑问题,这样只会造成空许诺言而无法兑现的局面,不仅不能在上司与同事中赢得信任,还会因此影响自己的职场前景。

王明是某建筑公司的项目负责人,最近一段时间,受楼市调控政策的影响,公司效益大不如从前,单位不少员工也是动了跳槽、另谋东家的念头,作为项目负责人的王明更是看在眼里、急在心里。但是,有一件事情却改变了公司命运,也留住了员工。

一个周末,公司组织加班,就在下班时间,王明听见一个员工正在跟孩子通电话,大概意思是,孩子希望这个周末这位员工能陪他逛一次动物园,而这位员工也痛快地答应了孩子的请求。听到这里,王明对员工说:“最近大家都很辛苦,周末就好好休息吧!下周还有一个和美国客户的谈判,需要你做翻译呢……”

但是，就在自己答应让员工好好休息的第二天，那位美国客户却说谈判要提前进行，因为自己有急事需要提前回国。而那位员工又是公司唯一能胜任同步翻译的人，于是王明给员工打电话希望他能回公司处理一下这件事。

这位员工二话没说就来了，但是谈判进行得不是很顺利，因为他们的竞争对手是一家业界很有名气的大公司，以现在的实力根本无法与其抗衡。谈判结束的时候，美国公司的负责人对王明说自己还要回公司在董事会上讨论一下，等有了结果会通知王明的。

谈判结束后，王明亲自开车送这位美国公司的负责人回下榻的宾馆，路上与对方交谈的也很融洽。闲聊中，对方问道为什么是王明亲自开车送他回去，而不是派司机，王明说司机陪翻译的孩子逛动物园去了。

当这位员工听到这些话后，激动之情溢于言表，只是一次次地说道："王总，您真细心，小孩子的事，还有劳您用心，真是过意不去啊！"

王明却淡淡地说："既然是答应孩子的事，就一定要做到！"此话刚一出口，就引起了美国公司负责人的兴趣，于是翻译就将刚才的话翻译了一遍，他听后直赞王明是个信守承诺的人。

不久之后，王明就接到美国那边打来的电话，说是要和他们公司合作。而王明也自知竞争对手的实力，对于自己公司为什么还能胜出更是疑惑不解。而对方却这样回答他："你们对一个孩子许下的承诺，即使是在很困难的情况下都会尽力去实现，足以看出你们公司是一个讲诚信的公司。我在董事会上对大家说过这件事之后，大家一致同意与你们公司合作。"最终，王明带着他的团队从这次大合作中重整旗鼓，公司业绩、员工薪资待遇也跟着水涨船高。

王明之所以能够赢得客户的信任、扭转公司局面，就在于他信守诺言的职业素养。对于员工来说，言行一致是一种对工作负责任的表现。从某种意义上我们可以说，信守承诺就是职场员工职业生存以及职业发展能否顺利进行的保障。只有守住自己的诺言，才能游刃有余地行走职场，从而创造出骄人的业绩，在职场竞争中崭露头角。可以这么说，无论在什么领域，一个言行一致的人都不会是一个失败的人。而无法做到这一点的人，只会让自己与成功失之交臂。

所以，每一位职场人士都应该切记：要想有进一步的发展、要想取得一定成绩、要想得到他人的认可，就应该时刻做到谨慎对待自己的承诺，说到就一定要尽力做到。

6 一个守诺，一生事业

有承诺必实现的人，即便过程是复杂、艰难的，但最终都能以成功告终，而这样的人也会因为履行承诺而成就一生的事业。这是因为在这些人的职业观念里，承诺就是一种责任，而履行自己的承诺就是对自己、对他人负责任的一种表现。

众所周知，德国制造向来就是品质保障的代名词，这与德国的民族文化是分不开的，而信守承诺则是日耳曼民族的传统美德之一，德国人也是将信守诺言当成是自己的事业去奋斗、去努力。

2006年夏天，在德国留学的中国青年杨立在克里斯托捡到一个钱包，里面装着几千欧元现金还有几张信用卡。后来，杨立将钱包交到市政厅后，连姓名都没有留就悄悄地走了。最后，警察只好将杨立照片的拼图传给当地十几个镇的警察局，并且派出100多名警察才找到了杨立。

找到杨立之后，警方要求他回到克里斯托小镇去领回500欧元的奖金，杨立对警察费这么大劲找自己的原因很是不解。

最后,镇长这样解释道:“施恩不图报是中国人的美德,你可以不在乎那些奖金,但是你必须去将它取回来,这样才不会破坏我们的价值规则。那些奖金不仅仅是对你行为的认可,也是整个社会对善举的一种尊重,只有这样的尊重才能带来更多人的善举,我们也才有资格去勉励更多人去行善。”

从镇长的话中,可以看出德国人是很重视诚信的。有承诺、必实现,就是德国立足于世界强国的原因之一。同样的道理,职场生活中,一个信守承诺的人,也更容易受到成功的青睐,而一个光有承诺而不能很好履行的人,是不可能有美好的发展前景的。

英语专业毕业的马云,刚开始创业的时候,一无资金、二不懂电脑,但是最终他却站在了世界上最大的互联商务网站掌门人的地位上,成为阿里巴巴公司的总裁。那么,马云又是何以能异军突起并最终胜出的呢?

也许,成就一番事业的因素有很多,而马云的成功与其信守承诺的人格和职业素养是分不开的。在马云刚刚毕业的时候,每个月的工资只有130元,别的老板以1300元邀请他去自己的公司,他都没有答应,原因就是他对当时的单位承诺过,要干满5年才离开,他不能言而无信。

后来发生了很多事情,也都能证明马云是一个言而有信的人。无论对别人的承诺是大还是小,他都会很努力地去实现。也正是这样的人格理念,使其对待别人的承诺时,都会尽心尽力地做到最好。可以说,就是“有承诺必实现”这一个人理念最终成就了互联网领域里的这么一位风云人物。

马云的成功之路再次告诉我们:成功往往青睐遵守承诺的人,那些将承诺当做自己奋斗目标的人,在通往成功的道路上必定会顺风顺水。但是现实职场到处都充满了诱惑,当我们面临抉择时,是抛弃自己的诺言,还是只盯着眼前的利益呢?

龚小姐在一家咨询公司担任总经理秘书一职,由于业绩突出，很快就得到了升职、加薪的机会。但是，公司其他同事却对龚小姐的成功不以为然，甚至认为龚小姐之所以会有如此快的升职速度，就是凭借其与总经理之间的私人关系。但是，不久之后发生了一件事却彻底改变了同事对龚小姐的看法。

由于龚小姐是总经理的秘书，所以在很多重大会议上，都能看到她的身影。公司的竞争对手也就是看清楚了这一点，想从龚小姐身上找出击垮该公司的突破口。

一天，对手公司的人事主管邀请龚小姐一起吃晚饭。龚小姐觉得不是工作时间就过去了，席间对方暗示龚小姐，如果她能将自己公司的机密档案带给他，他会给龚小姐一笔非常可观的回报。

面对这样的诱惑，龚小姐心里也在犹豫到底应不应该答应对方。毕竟对方给自己的允诺是非常丰厚的，一想到丰厚的回报，她是越想越动心。但是，冷静之后，龚小姐才意识到自己与公司是签有保密协议的，保守公司的秘密是自己的职责。而且，就算答应了对方，日后在那边也未必能得到重用。思来想去后，龚小姐态度坚决地对对方说："对不起，关于您的要求我做不到，谢谢您的晚餐。再见！"

事后，竞争对手对龚小姐的上司说出了这件事，并为他们公司有龚小姐这样的员工而感到庆幸。但是，龚小姐却对自己的上司说自己并不是对方想象的那样，将自己当时内心里的矛盾与挣扎说了出来。上司听了龚小姐的话后，不但没有埋怨她，而且还赞赏她是一个讲诚信的员工。同事知道这件事后，也渐渐地改变了对她的看法。

虽然，龚小姐有一点动摇，但是最终还是坚守住了自己的立场，没有做出有损公司利益的事情。不管过程是怎样的，从结果来看，足以说明她是一个信守承诺的人，而且我们也有理由相信，一个信守诺言的人她的职场之路肯定会越走越宽。

7　做就要做最值得信赖的人

一个讲诚信、重承诺的员工，必定是能够得到他人信赖的员工；同样，一个值得他人信赖的员工也必定是一个信守诺言的人。职场生活，要做就做最值得信赖的人，在这种员工身上往往具备一种至关重要的职业素养——讲诚信、守诺言，而这正是每一位员工立足职场的根本。因为只有做到讲诚信、守承诺，我们才能成为领导的左膀右臂、成为同事的楷模、成为职场里最受欢迎的人。无数职场故事也再次证明，无论你从事什么工作、处于什么职位，诚信、守诺始终是你立足职场的根本。而一个员工如果对自己说出去的话不负责任，对公司的承诺不当回事，只会让领导对你失望，进而失去对你的信赖。

张强和魏龙在同一家公司，工作任务都是测试软件。但是，两个人的工作表现却大不一样。魏龙对待工作兢兢业业，从不放过一点瑕疵，即便任务繁重，在规定时期内不能完成，他也能从公司角度考虑，主动加班把工作完成到位。有一次，由于事出紧急，魏龙竟然加班到凌晨两点。但是，张强却是一到下班时间就立马走人，即便手头有没有处理好的任务，他也从不在办公室里多呆一分钟。

一次，张强忍不住问魏龙："天天没黑没白地工作，还不都是那点工资，你这又何必呢？"

魏龙却笑着说道："现在找工作多不容易，既然公司给了我们工作机会，就要抓住才是；而且在同行业中，我们的工资水平也不算低了，不好好干怎么也说不过去。再说了，既然我们选择了公司，就要做最值得公司信赖的人。"

还没等魏龙说完，张强就不屑地说："你这也太唱高调了吧，我们干活拿钱，天经地义。"

听得出来，张强对公司、对工作没有丝毫热情，他觉得公司为他提供的一切都是理所应当的。就这样，张强在这家公司工作的这几年，不仅没有什么出色业绩，而且职位也没有升职，依旧是原地踏步。

但魏龙却完全不一样，工作中，他总是本着“既然选择了公司，就要成为最值得公司信赖的人”这一标准做事。只要工作需要，他都会尽自己所能把工作处理好，而这一切也使得老板大为感动，不止一次给他加薪。越是加薪，魏龙就越对公司心怀感恩，越发努力工作，不久，就被提升为技术主管。

而一直没有被加薪、升职眷顾的张强却心有不甘，觉得公司对自己太不公平，于是忍不住向老板提出加薪，但老板却说：“你虽然在公司待了五年，但你自己想一想，像你这样的工作态度，公司把重要的事情交给你能放心吗?”

作为员工，如果能够像故事中的魏龙一样，努力使自己成为最值得公司信赖的人，那么就一定会是一个受同事欢迎、受领导青睐的人。相应地，这种员工的职场之路自然也会越走越顺。而一个没有诚信，做事敷衍、见利忘义的人，连做人的根本都失去了的人，还有什么资本去赢得别人的欢迎和成功的青睐?

大家都知道“情同朱张”是讲究信用、感情执着的一种代称。这句话说的也是两个人友谊的最高境界，但是这句话也是有其典故的。

东汉时期的朱晖和张堪都是南阳人，朱晖比张堪晚入官场，张堪也是早就知道朱晖是一个品格高尚、最讲信用的人，因此对朱晖十分仰慕，但是交情并不是很深。

有一天，两人在太学里遇见。分手时，张堪对朱晖说：“我有一件事想让你帮忙，我身体不好，最近更是严重了，恐怕熬不了多久了，我希望在我去世之后你能替我照顾我的家人。”

朱晖认为张堪是自己的前辈，不好接受前辈这样的嘱托，于是只是笑着与对方道别了。

而这次分别之后，两人很久没有再见面。没过几年，张堪病逝了，而朱晖听说张堪的家人过得很穷困，便亲自去看望他们，并带去了很多东西。以后对他们也是百般照顾，就像是照顾自己的家人一样。

朱晖的儿子对父亲的行为很不理解："父亲以前与张堪也没有太多交情，为什么他死后，您对他的家人这样照顾呢？"

朱晖解释道："张堪生前将家人托付给我，就是对我的信任，我不能辜负他的信任，也不能不讲信用！"

朱晖并没有答应张堪帮助他照顾他的家人，但是还是那样去做了，或许他是在心里答应对方了。生活如此，职场更是这样。那些能得到别人好感、受别人欢迎的人，一般都是对人对事都认真负责、讲究信用的人。只要能做到诚信，就能赢得同事和领导的好感，让自己的事业发展得更顺利。而一个不讲信用的人，同事不愿与其合作，领导也不愿委以重任，最终只能使自己无法在职场上立足。

因此，无论是刚刚步入职场的"新人"，还是久经职场的"江湖老手"，都应该时刻将诚信放在心头，做一个最值得信赖的优秀员工！

8 实践诚信是最好的证明

无论你从事何种职业，诚信都是最基本的道德要求。在工作中讲究诚信的人，不仅能给别人带来好处与利益，最重要的是，还能为自己带来更多回报。无数事实也证明，只要在工作中坚持诚信，履行自己对公司的承诺，就一定能赢得自己的事业。

然而，诚信不是单纯的口头应付，一个人是否讲诚信，实践才是其重要的检验标准。只有把诚信付诸实践，才是对一个人诚信的最好证明。讲诚信的人无论面临什么困难都不会失言，甚至为了实践诚信不会计较利益上的得失。

黄瑞是一家字画店的老板,他的店是实体店与网店结合的。但是他对字画却不是很了解,经营一段时间后一算账,反倒亏了不少。原因就在于他不懂字画,虽说投了不少钱,但是进的货不是假货就是仿制品。即使有客户签单子,也只是微小的赢利。

就在上个月,黄瑞接到一位外地客户的电话,说是一位朋友介绍给他这家店,于是想从他这里买点东西,这位外地客户还希望能否通过邮局运过去。

黄瑞见很久都没有生意了,于是就一口答应下来。但是,当黄瑞将字画给对方寄过去之后,对方发现字画是仿制品,而自己要的是真品,希望能将画退回给黄瑞。黄瑞也同意了,只是这样一来又浪费了很多运费,但是黄瑞认为这并没有什么,作为一个商人,就应该对自己说过的话负责,就应该讲诚信。

最近,又有一位外地客户希望从黄瑞店里买一些字画之类的商品。而对方在说自己想要的商品时,黄瑞却没有听清楚,只是模模糊糊知道对方要的是什么商品。于是,就对对方报了一下价格,等去拿货准备帮对方邮寄的时候,却发现对方想要的是大件的,而自己给对方的报价却是小件的。这让黄瑞左右为难,经过一番激烈的思想斗争,他最终决定还是按照自己的报价给对方邮寄商品。虽然这样会使自己损失很多钱,但是一想到做生意就应该讲诚信,他就不再犹豫了。

对方收到货物、知道详情后,在电话里真诚地对黄瑞说:“你真是一个不可多得的讲诚信的商人啊。”还保证以后一定会多多照顾他的生意,并推荐自己的朋友去黄瑞店铺买东西。后来,黄瑞的生意越做越大,公司效益也是节节攀升。

因为坚持诚信这一经营理念、因为坚持将诚信付诸实践这一做事方式,所以,故事中的黄瑞在为自己赢得良好信誉的同时,更使店铺经营由亏本转为赢利。职场上,一个敢于讲诚信、敢于将诚信付诸实践的员工,其通往成功的路必定会一帆顺风。

然而，一个不讲诚信、不把诚信落实到实处的员工，即使拥有高能力、高学历，也无法得到他人的认可和肯定，最终只会让不诚信的事实阻碍自己的人生之路。

栗晓是一家留学机构的工作人员，在招聘新员工时，她经常会遇到缺乏诚信的人，其中有这么一位新人给她的印象非常深刻。

这个人在面试的时候，对面试官说自己虽然没有在国外留学的经历，但是他以前的公司曾经派他去法国工作过一年。当时那人说得很是认真，还说自己是个特别讲诚信的人，甚至连撒谎都不会，而面试官也认为在整个面试过程中他的表现很不错，是个可造之材。于是，这个人轻轻松松地就被公司录用了。

但是，后来栗晓发现，这位员工虽说有国外工作的经历，但是在工作中他对自己的这段经历却很忌讳，甚至不愿跟别人谈起这件事。后来随着公司的发展壮大，团队中加入了很多海归，每每大家言谈时，他的表现却与那些同事有着明显差距。

在一次办理签证的时候，栗晓发现他并没有法国的工作经验，而只是有一张前往法国的探亲签证，而且从护照上的时间期限来看，他根本没有在法国待足三个月，只是待了一个月就回国了。可是，在面试的时候，他却明明说自己是被公司派到法国，并在那里工作了一年。

后来，这位员工在工作中的表现渐渐失去了面试时的热情与干劲，在他看来，既然得到迈入这家公司门槛的机会，就无需对自己曾经的豪言壮语负责了。可是，让他万万没有想到的是自己的这一小聪明早就被上司看在眼里，没多久就被老板"炒了鱿鱼"。

一个不讲诚信的人，无论如何掩饰，最终也会为此付出沉重代价，不但会丢掉职场发展的机会，而且连做人最起码的尊严也会丢掉。而只有那些用行动证明自己诚信的人,才会收获成功。最后,请所有职场员工都牢记这一点:职场之路漫漫长远,充满了荆棘与坎坷,但是想要顺畅地走下去,就必须坚守诚信,并将其付诸实践,做到这些才能帮助你采撷到胜利的果实。

9 不要让你的承诺成为口头支票

关于承诺,最重要的就是要说到做到,说到而无法做到只会让承诺成为一张口头支票。然而,职场上说到而做不到的员工却大有人在,这种人不仅仅是言过其实,有时甚至是言而无信。但是,无论是言而无信还是言过其实,实际上都是一种不诚信的表现。即便这样的员工拥有高学历、高能力、高智慧,最终只会失去他人对你的信任和支持,无法完美地完成自己的工作任务。

张帆是一家公司的技术骨干,在公司上上下下,无论是学历,还是能力,他都明显强于其他同事,但是张帆却始终没有得到上司的重用。反倒是那些不如他的同事,个个都有加薪、升职的机会。

最近,公司一个重要岗位暂缺一位管理者,按照公司规定需要从公司内部员工进行筛选。张帆心想这次应该轮到自己了吧,但是最终结果却再一次让他感到委屈,反倒刚进公司没多久的小毛担当了此任。

看到这一结果,张帆心里更是气不打一处来。自己无论哪方面都比那些同事强,为什么就得不到上司的认可呢?于是,张帆找了一个机会向上司说明他的困惑。

听完张帆的满腹牢骚,上司这样解释道:“的确,无论在哪个方面你都比其他同事强。但是你却有一个大缺点,那就是你对自己说过的话没有给予足够的重视。能力与诚实守信相比,我们更看重诚实讲信用的员工。"

看着张帆依旧是一脸无辜的表情,上司又继续说道:"单位交待给你的任务,你总会有各种理由:不是房子装修需要请假,就是老家来亲戚需要招待,而对于如期交工的设计方案,对于操作环节的技术把关,你是否做到一个技术人员应负的责任了呢?张帆啊,如果一个员工总是抱着这种态度对待工作,又怎么能及时兑现他对工作的承诺呢?"

说到这里,上司又语重心长地对张帆说道:"公司就是一个大家庭,每一个成员掉了链子,都会影响到整个团队的和谐运作与发展。而小毛的能力虽然不如你,但是交待给他的工作能顺利完成,即使有困难,也会尽自己所能兑现对工作的承诺。这种脚踏实地、做事实事求是的员工才是我们欣赏的员工。"

职场上,任何一位员工如果没有如期完成每一项工作任务,妥善处理工作中的任何细节,毫无疑问,这样的员工只能是个无法兑现自己工作承诺的人,而一个无法信守承诺的人,只会让自己的职场之路充满崎岖与坎坷,甚至连周围人最基本的信任都无法得到。

而一个注意兑现诺言的人,才会成为一个可靠的员工,才会成为一个可以信任的合作伙伴,甚至成为一个有威信的领导。

被评为"全球最佳商业领袖"和"中国最具影响商界领袖"的IT风云人物李彦宏就是一个信守承诺的人,对于自己无法实现的事情,他从来不会轻易许诺。

有一次在与美国人的合作洽谈中,双方签下了一个为期半年的合作项目。但是,突然一天,李彦宏却接到合作方的一个提前完成项目的请求。虽说对方开始也同意这个项目的期限是半年,但是由于特殊情况,现在不得不要在四个月内完成,并给出多加50%的投资作为补充。可以说,这个条件对于刚刚创业的李彦宏来说,的确是一个巨大的诱惑,多了这笔资金能帮助他做很多事情。

但是,最终李彦宏还是坚决回绝了对方的要求,并言辞恳切地说:“对不起,四个月我们做不了。四个月能完成这个项目,但是质量肯定会受到损害,如果您希望在四个月之内保质保量地完成这个项目的话,您还是去找别人吧,我们不会冒这个险。”

对方沉默几分钟后,开怀大笑地对李彦宏说道:“对您诚实的拒绝,我感到非常满意,可以看出您是一个真诚、稳重的人,把钱投给您这样的人,我们很放心。”

事实也证明,这位投资者的战略眼光是正确的。恰恰是本着诚实守信的原则,李彦宏和他的团队按时按质按量地完成了这个合作项目。从这之后,这位美国人一直和李彦宏公司保持着良好的合作关系,而且他还常向自己的朋友推荐李彦宏的公司,说他们是不可多得的诚实守信、值得信赖的合作伙伴。

由此可见,及时兑现自己的诺言,能帮助自己赢得更大的成就,正如故事中的李彦宏一样。每一位职场员工若是都能以这种态度对待工作,不但能赢得上司的信任与赏识,还能为自己的职场发展打好坚实的基础。而一个员工如果将自己的承诺当成空头支票,只会让其在职场上无法立足。

第六章　忠诚与诚实守信是双胞胎

程颐曾说过:“人无忠信,不可立于世。”德国也有谚语道:“一两重的忠诚,其值等于一吨重的聪明。”可见,忠诚是诚信的延伸,与诚信是双胞胎,两者同时常伴在我们的身边。作为一个职场人士,只有做到了无比的忠诚,才能更好地实践诚信,才能做一个更加优秀的员工。

1 忠诚是一种能力

在节奏越来越快的当今，很多人开始频繁地跳槽，不断地变换工作，"忠诚"一词在他们眼里似乎越来越得不到重视。其实，忠诚不仅仅是一种品德，已经成了一种综合的竞争力，它更是一种能力，而且是其他所有能力的统帅与核心。

对每一个上班族来说，忠诚好比是诚信的双胞胎姊妹，只有同时具备，不管你身居任何位置，就等于拥有了一个个人全面发展的舞台，就可以为实现自己的梦想做出更大的贡献！

在马耳他流传着一个关于忠诚的古老故事：一位马耳他王子在路过一户人家的时候，看见他的一个仆人正紧紧地抱着一双拖鞋睡觉。王子试图走过去将拖鞋从仆人的怀里拽出来，但是鞋子被抱得太紧，王子不但没有将其拽出来，反而将仆人惊醒了。这件事给王子留下了深刻的印象，于是将那位仆人升级成了自己的贴身侍卫。他认为，这位仆人对很小的事都能做到忠诚，就一定能够成就大事。

事实证明王子的判断与选择是正确的，那位仆人在做侍卫的时候尽职尽责。很快，他的职位又往上升了一级，成了事务处的一员，最后，凭借自己的忠诚一步步地上升成了马耳他的军队司令，其美名也随着传遍了整个西印度群岛。

忠诚是一种高贵的职业品质，尤其是在受人之托、忠人之事时，更能体现出一个人的忠诚度。忠诚是一个人走向成功的精神力量，正向文中的仆人那样，靠着自己的忠诚一步步走向军队司令的职位。其实，工作中的每个人都应向那位仆人那样，忠诚而不阿谀奉承；忠诚而不自欺欺人；忠诚而不希求回报；忠诚而没有私心杂念；忠诚而全心全意、大公无私。只有这样，才能对自己的事业和生涯进行正确、合理的规划。

忠诚是一种职业的责任感，是承担某一责任或者从事某一职业所表现出来的敬业精神。忠诚是一种能力，能帮助职场中的每个人更好地立身于职场，进而赢得更多的利益。无论你从事何种工作，都必须对公司忠诚。尤其是在公司的运营出现问题时，更是体现员工是否忠诚的最佳时机。

刘军是一家公司的总经理，在说起自己的成就时，他总是说，正是忠诚才为自己带来了这样的成就，忠诚就是自己的制胜法宝。

原来，刘军是以部门经理的身份进入这家公司的，但是进入公司之后的试用期内，上司却安排他从销售员做起；尽管这让刘军很不理解，但还是接受了这一安排，认真地做了三个月的销售员。三个月过后，刘军终于当上了部门经理。

此时，他才明白上司的良苦用心：之所以让自己从销售员开始做起，其原因就是让他能够从小事做起，渐渐了解公司的业务，熟悉公司的相关行业资讯。因为只有对这些都有了全面的了解后，才能渐渐熟悉公司的运作，也才能做好部门经理的工作。

就这样，转正后的刘军工作兢兢业业，凭借着做业务员时所掌握的各种经验以及资讯，为公司创造了大量的财富，并为公司的发展做出了重大的贡献。半年之后，由于业绩出众，刘军得到了升职的机会。不久之后，上司退休了，刘军自然就成了最合适的继任者。

可见，每个公司都希望自己的员工具备高度的忠诚度，因为只有忠诚度高的员工才能尽职尽责地完成工作任务，并有勇气承担一切责任。即使像刘军那样，在开始时从最基层的工作做起，只要经受住考察，就能获得丰厚的回报。格力空调总经理董明珠高度忠诚于所在的企业，她从一个业务员做起，兢兢业业，一步一步走到今天，用汗水与智慧把格力打造成为中国最具知名度的空调品牌之一。

广为流传的《把信带给加西亚》讲了一个关于忠诚的故事，如果送信人没有对自己从事的事业有足够的忠诚，他就会随意将送信的事情推掉或者放弃,送不到目的地也会找理由为自己开脱,绝对不会排除千难万险完成送信的任务。这些动人的故事都告诉我们一个道理:只有忠诚于自己所在企业的员工,才会圆满地完成企业赋予的职责,才能在企业的发展中实现自身的价值,这不能不说是一种能力的体现。

拿破仑说过:没有忠诚的士兵,没有资格当士兵。同理,没有忠诚的员工,没有资格当员工。一个缺乏忠诚的人,他的其他能力就失去了用武之地。尤其在当今竞争激烈的社会中,忠诚已经成为每个人安身立命之本,成为求生存、谋发展的重要能力和首要条件。世界知名的微软公司,其中老员工的比例已经超过百分之九十,他们用忠诚和努力,造就了微软今天的霸主地位,而自己也从中得到了更加丰厚的回报。因此,不要再将自己置身于外了,把公司的事业当做自己的事业来做,努力培养自己忠诚敬业的精神吧!

2 忠诚魅力无穷大

忠诚具有无穷的魅力,它不仅是一个人的财富与收入,还可以为自己换来老板的青睐。只有对公司忠诚的员工,才会为自己带来经济上的利益以及职场上的升迁。相反的,一个失去了忠诚的员工不仅会失去自身的原则,还会失去成功的机会。

作为员工,应该坚守自己忠诚,即使可以由于优质的风度、丰富的知识或者其他美德,赢得他人的尊重,一旦欺骗被拆穿,所有的优点都会烟消云散。只有真正、真诚地袒露自己的心灵,才能真正做到诚实无欺,赢得别人的尊重和信赖。

有位铁匠拥有十分高超的铸铁技术,远近闻名。很多人都慕名前来,这其中有士兵也有农民,甚至还有同行的工匠。一天,来了几个木匠,他们要求铁匠为他们每人做一把最好的锤子,因为他们几个打算结伴到邻村的一个包工老板那里去做木匠活。

“你认为我能做出最好的锤子吗?”铁匠问道。

“是啊,要不也不会大老远跑来找您了。”他们回答道。

铁匠笑了笑,认真地为他们做起来。他们边聊边打造锤子,不知不觉中几把铁锤就做好了。几个木匠试了试果然十分好使,十分满意,于是付过钱之后兴冲冲地走了。

又过了几天,邻村的那个包工老板也来了,他要求铁匠为其订做几十把“最好的锤子”,而且还特别强调,一定要比前几天来过的那几位木匠手中的铁锤更好。最后他还表示,只要铁匠能够做得出更好的锤子,那么他愿意支付更多的钱。

铁匠听后笑了笑,说:“以我目前的技术已经不可能做到比他们手中更好的铁锤了。”

“他们一共才要几把铁锤,我要的数量可多得很。再说每把铁锤我支付的价钱一定会比他们高得多,难道放着这么好的生意你不做吗?”包工头不以为然地说。

铁匠认真地回答道:“我当然愿意做这笔生意,可是当初我给他们做时已经尽我所能地做到了最好,现在也不可能再做出更好的铁锤了。其实无论你给我多少钱,无论主顾是谁,凡是我接手的生意,我必定会尽我所能做到最好。也许在几年以后,随着我技术水平的提高还会做出更好的工具,但是现在我真的做不了。”

听了铁匠的这番话,包工头很受启发。他依然决定在这里订做几十把“最好的铁锤”,而且还决定以后但凡他需要的工具都在这里订做。

对员工而言,忠诚与权势、利益等无关。对职业忠诚并不仅是为了从职业中获取某种利益,如果能将其当成自己的信仰、当成使命一样去对待,还能彰显出自己的魅力,让自己成为精神上的富有者。

一个对企业不够忠诚的员工,在工作中是不会尽职尽责的,他们不会将企业的发展与前途放在心上,因而个人能力也无法得到更好的展示。因为忠诚是一个人能被雇佣的良好品质,是其他任何能力的基础,只有具有了这一基础,其他能力才能得到发展。

某公司业绩一直很不错,但是最近出现了很大的问题,公司的客户大量流失,而且那些客户还是与公司有很密切的业务往来的,照道理说这样的客户是不会流失的。公司老板就觉得肯定是公司内部出现了背叛公司的人,于是,采取全公司范围内的整体检查。最终查出是公司的一个销售经理小叶在外面开了一家一模一样性质的公司,而且还将公司的客户全部引到自己开的公司去。客户以为小叶的公司是自己以前合作过的公司的分公司,也就没有太多地在意。

公司在查出这件事之后,将小叶开除了,而客户知道小叶的事情之后,也停止了与他的合作。小叶因为自己的不忠诚、不诚实,不仅丢掉了自己的工作,还失去了支撑自己公司的客户,这是得不偿失的一种做法。真正忠诚的员工,在职场中是不会做出这种背叛公司的事情的,他们会帮助公司,最终与公司一起发展,成就自己的职场成就。

对于员工来说,忠诚是一种义务。一个忠诚的员工,不会在工作中讲任何条件,甚至不会期望得到回报,因为忠诚是内心情感的一种自然流露。员工对公司的诚信,可以说是一种感恩,因为公司给予了员工施展才华的机会与舞台。只有对公司忠诚的人,才能得到更多的发展与进步的机会。忠诚不是口头上说说就好的,它应该是一种行动,应该是一种全心全意的付出,员工的忠诚,在其工作中会有突出表现。

企业中,检验一个员工是否忠诚的重要依据就是看这个员工是否忠诚,忠诚是一种品德,同时也是一种能力。甚至在现代社会中,很多企业在选择自己的员工时,都会对员工进行忠诚度的测试。具有高忠诚度的员工会有更多机会,无论什么企业都不会要那些虽然能力强,但是没有忠诚度的人。

具有高忠诚度的员工自会拥有一种特殊的魅力,会让老板和同事感觉到自身的人格魅力。在工作中,也会因此更受老板的青睐和重任,让自己收到良好的回报,成就自身辉煌的职场发展。

3 忠诚等于无限的信任和机会

现代企业中，有能力的人很多，而对公司忠诚的人却并不多。相应的，既有能力、又对公司忠诚的人就更少。相比之下，企业一般都比较欢迎那些能够忠实于公司的员工，而那些有能力、却不够忠诚的员工只会让公司感到害怕。

忠诚不仅不会让我们失去机会，反而会帮我们得到别人的尊敬与信赖，进而帮助我们赢得更多的机会。忠诚是作为人最优秀的品德之一，在平时的生活中就应该将忠诚当成是做人的基本原则。对于职场人士来说，忠诚是员工事业发展的最主要的推动力，是员工赢得自身成功的主要动力。

王涛是一家知名食品公司的员工，在刚开始工作的时候，上司让他去一个新的、十分偏僻的地方开拓市场。公司很多员工都认为公司的产品在那里根本不可能会有市场，而上司在交给王涛这个任务之前，也对公司的其他员工说过这个任务，而其他员工都拒绝了。而交给王涛这个任务时，王涛考虑到上司这样做肯定有上司的打算，于是毫不犹豫地就答应了。

就在王涛带着公司的产品与样品到达那个很偏僻的地方三个月之后，他成功地完成了任务，之后回到公司。他向上司汇报那边有很广阔的市场，他们的产品在那边很有销路。就这样，王涛完成“不可能完成的任务”，用实力证明了自己的能力。不仅如此，他还赢得了上司的青睐，不仅放手让他去做那块的所有工作，以后有任何比较重大的事情时，还总是找他听取意见。

一位美国的专家通过对几十名成功人士的调查研究，其结果表明，决定事业成功的要素虽然很多，但是忠诚却是其中最重要的保证，而且也是成功的唯一途径。其调查显示：一个人的知识水平、能力的大小占了20%，技能占了40%。态度也仅到40%，而100%的忠诚是你获得成功的唯一途径。也就是说,忠诚是一个人能否实现自我价值的关键。具有忠诚品质的人,会是企业里最受欢迎的那个人,也是企业真正需要的人。就连美国的一位成功学家都曾经无限感慨地说过一句话:“如果你是忠诚的,你就会成功。”

无论是在什么企业里,也无论自己在企业里的地位是怎样的,忠诚都是最重要的。员工只有对企业忠诚才会得到更多的机会、以及老板的更多信任。员工是否忠诚,老板都会看在眼里。因此,忠诚的员工,最终的结果都不会太差。

有个老板聘用了一个年轻人给自己当司机,但是年轻人并不仅仅满足于做一个司机,而在工作之外的时间还会帮老板做一些别的事情。渐渐地,这位年轻的司机渐渐熟悉并掌握了公司的大部分业务。

甚至在后来发展到老板不在、或者是抽不开身的时候,会让他代为处理一些事情的地步。可见,他已经赢得了老板的信任。但是他仍然没有满足于此,而是继续提高个人价值,并不计报酬地做一些分外之事。

后来,公司的行政部门的经理突然辞职,老板想从公司内部选择一位员工接替这一工作。于是,很自然地就想到了他。就这样,他凭借着自己多年对公司、对老板的无限忠诚帮助自己从一个司机变成了经理。

事情并没有到此结束。年轻人在得到行政经理的职位之后,依然没有放弃对自我价值的提高,还是像以前那样,不管是分内还是分外的工作都很认真,并最终让自己成了老板不可替代的帮手。

有的人认为忠诚不能给自己带来好处,而自己也没有必要做到忠诚。不仅如此,还认为那些对工作忠诚的人都是傻子。其实不然,就像例子中的年轻人那样,如果不是他的一贯忠诚,又如何能赢得老板的信任、和后来当经理的机会呢?可见,一个忠诚的员工,无论在什么情况下都会是最受欢迎的人。

忠诚的员工，能约束自己在工作中踏踏实实做事，并会从内心生发出一种无私奉献的精神与品质，不求回报地为公司做事。而且，这种人的能力也会在不断的磨练中得到进步。当他们的能力达到一定的程度时，就成了既有能力又忠诚的员工，这类人必然会受到老板的欢迎，从而获得更多的信任和机会。而那些没有忠诚意识、且不可能对公司做到忠诚的员工，即使能力再强也不会有发挥的机会。

4　忠诚不是愚忠

忠诚能带给员工好的职场发展，愚忠则只能带来不好的结局，两者有本质上的不同。但是，现实工作中将愚忠当成忠诚的人并不在少数。其中最主要的原因就是他们对忠诚没有较为准确的认识。

愚忠的人，会对老板说的话不分对错都去执行，因为在他们看来忠诚就应该是绝对的、不分任何情况的。企业里，很多员工对老板的态度就是老板说什么就是什么，即使有自己的想法也不敢说出来。其实，真正忠诚的员工是在坚持社会道德的前提下，对自己的职业负责，对公司负责、对社会负责。愚忠的员工则是不分正确与否，一律听从老板的指挥。这样的员工给老板的印象就是在拍马屁，即使在短时间内能得到信任与升职的机会，但是时间长了就会使人渐渐厌烦。可以说愚忠会毁掉一个人的美好前程。

2003年春夏，北京遭遇着“非典”的侵袭，当时的情况非常严重，人们对于“非典”两字谈之色变，即使有一个疑似病例，就会被隔离起来。然而，这时候有一家公司的老板想趁此机会报复一下竞争对手，于是就叫一个平时对自己很忠心的员工给防治“非典”中心打电话，谎称对手公司有很多疑似病例。而那位下属对上司的交代言听计从，根本就没有考虑这样做之后会有什么后果，就去执行了。

在他打了这个电话之后，对方公司不得不放很长时间的假，公司的很多人也因此被隔离了。但是最终的结果显示对方公司根本就没有出现此类患者。这一情况在当时引起了比较大的影响,甚至还扰乱了社会秩序。后来,在警察的调查之后,找到了那名打电话的员工。

那位员工一五一十地对警察说是老板让自己打的,目的是为了报复一下对方。可是,当警察找来老板与他对质的时候,老板坚决否定是自己让下属打那个电话的。还对警察说道:“假如我知道他会干这样的蠢事,我肯定会制止他的,这样做不是扰乱社会秩序吗?您看我会放任自己的员工做这样的事情吗?”

这名员工就因为盲目忠诚,毁掉了自己的前程。因此,作为员工,对老板下达的命令应该有自己的认识,要学会分辨是非,学会冷静思考问题,不盲目地相信。不能因为对方是老板就对他的话言听计从,必须在不违背道义的情况下才去执行。

有这样一个故事:一家公司的总经理需要招聘一名助理,限男性。最后剩下三个比较不错的人,经理声称为了考察面试者的勇气和忠诚度,由他本人分别对面试者进行决赛面试,且面试地点设在接待室里。

面试开始了,第一个面试者满怀信心。总经理将其带到一间满是碎玻璃的屋子门口,说:“脱掉你的鞋子走过去,把对面桌子上的表格填好后交给我。”尽管地上的碎玻璃十分尖锐,但是这位面试毫不犹豫地忍着剧痛走了过去。然后拿到表格,填好。当他把表格交给经理的时候,双脚已经鲜血淋漓了。“去那边等候通知吧。”经理面无表情地说。

第二位面试者同样信心满满。经理把他带到一间锁着的门前说:“里面有张表格,你进去把它填好后交给我。”面试者推了推门后,发现门是锁着的,他一脸无奈地望着经理。“用你的脑袋把它撞开。”经理说。面试者以为经理在考察他的勇气,就不由分说地用头撞门,直至头破血流才把门撞开。后来,他得到的同样是经理的那句话:“去等候通知吧。”

最后一位面试者是个年轻人，他跟着经理到了一间办公室的门前，经理指了指房间说："里面有个老太太，你进去把他推到在地，然后把她手里的表格拿出来填好，交给我。"

"什么？你让我为了一张表格就把老太条推到在地？"

"这是命令，因为我是老板。"

"你简直是个疯子，这简直是在无理取闹。"

经理没说什么，接着便把他带到有碎玻璃的门前和紧锁着的门前，说出了刚才的要求。

"我不要这份工作了，这太无厘头了！"青年愤愤地说。然后，转身准备走。

"等等。"经理叫住了他，"你被录用了。"接着就向众人宣布，说这位男士才是公司要找的人。

那两位受伤的"勇士"对这一结果十分不满，他们觉得自己受到的是不公正待遇。经理给他们解释说："我要的不是一味地听老板话的人，而是要有自己的想法、坚持真理的人，这样的人才是真正的勇士，才是真正的忠诚，而你们不过是愚忠罢了。"

这是一个广为流传的关于如何忠于老板的故事，不可否认，任何一个明智的老板，都会像文中的经理那样，抛弃那些不顾正义而一味效忠的人。那些愚忠者，即使在短时间内能够赢得老板的信任，但是时间一长，依然会被老板抛弃。因此，任何一个职员，都要分清真正的忠诚与愚忠，这样才能让自己在公司长久地拥有一席之地。

忠诚不是愚忠，愚忠是一种对老板与上司的盲目崇拜，这样的员工不会分辨上司指令中的对与错，对上司的指令照单全收。上司并不傻，时间长了，他就能知道这样的员工的缺点，知道他们不适合担当重任。对于一个员工来讲，最重要的也许是忠于公司，但作为一个人来讲，最重要的是忠于自己的良心。而当这两者发生冲突的时候，首先还是要让自己做正确的事，然后才是忠诚。

5 勿为诱惑弃忠诚

忠诚是每个职场员工都应该重视的一种美德，每一个企业或团体的发展都离不开员工的忠诚。员工只有做到忠诚，企业才能得到发展；与此同时，员工自身的价值也会得到实现。相反，员工无法做到忠诚，不仅会影响企业的发展，还会影响到自身的前途。

在一个企业中，忠诚的员工自会得到上司的信赖，获得晋升的机会。因此，作为员工，想要提高能力，获得晋升机会，就必须培养自己的忠诚意识。然而在职场生活中，每一个员工都会面临各种各样的诱惑。于是，一部分人就会忘记当初的诺言，在诱惑面前卑躬屈膝，成为诱惑的俘虏，从而背叛了公司；而有的员工则能和公司一同进退，丝毫不为诱惑所动。

文涛是一家公司的技术人员，最近由于公司的效益不太好，很多同事都已经辞职了，文涛也不例外。辞职之后的文涛凭借自己的工作能力很容易地就得到了好几家公司的邀请。但是其中有家公司之所以会邀请文涛，其原因并不是因为文涛过硬的技术，而是文涛之前所在的那家公司是他们的竞争对手，他们想通过文涛了解他之前所在公司的机密，帮助击垮那家公司，尽管他们出高薪，但都被文涛一一拒绝了。

就在那个大型企业的面试中，面试官是该公司的人力资源部主管和该公司负责技术方面工作的副总裁。这让文涛感到了一点压力，也让他感到了该公司对这次面试的重视。但是，面试官提出来的问题，却是让文涛很反感的："我们很欢迎你到我们公司来工作，对于你的能力和资历我们都没有任何不满，我听说你以前所在公司正在开发一个新的适用于大型企业的应用软件，据说你也参与开发，能否透露一些你所知道的情况，你知道这对我们很重要，而且这也是我们为什么非常在意你的原因。"

文涛不喜欢别人问起自己公司的机密，也觉得即使自己已经不是公司的员工了，也应该保守公司秘密。于是，很生气地说道："你们问我的这个问题很令我失望，看来市场竞争的确需要一些非正常的手段。不过，我也要令你们失望了。对不起，我有义务忠诚于我的企业，虽然我已经离开了，但是我必须这么做。与获得一份工作相比，信守忠诚对我来说更加重要。"说完之后就走了。

和文涛一起参加面试的另外一些人，看见文涛的反应之后觉得不解，毕竟自己已经离开原来的公司了，就没有必要帮助它们保守秘密了。于是当副总裁对他们提出同样的问题时，他们便将原来公司的秘密全部告诉对方了。过了几天，结果既出乎意料之外，又在情理之中的——文涛收到了那家公司的聘书，而那些说出自己之前公司秘密的面试者无一被录取。工作之后，当时的面试官对文涛说："你被录用，不仅仅因为你的专业能力，还有你的忠诚。其他的应聘者无法做到忠诚，所以无法得到这个机会，欢迎你加入我们的公司！"

只有那些将公司的命运与自身的命运结合在一起，面对诱惑不会动摇的人，才是老板最喜欢的员工，也只有这样的员工才会拥有更多的实现自我价值的机会。即使是在离开公司后，也要对公司以前的机密守口如瓶，做到不该说的不说，不该做的不做。因此，在工作中，不要因为诱惑而放弃自己的忠诚。

工作中，那些能够将禁住诱惑而不为所动的人，永远不会被淘汰。这样的人就不仅彰显了自身的魅力，而且还教会他人何为真正的忠诚，最终会获得意想不到的收获。

小刘是一家民营公司的员工，三年前就已经来到公司了，当时公司刚刚成立，可以说小刘就是公司的"开国功臣"了。因此，小刘在公司里也是很受老板的器重。

最近，有一个客户要到小刘的公司洽谈合作的事情，而老板有事要出去，于是就让小刘代替自己去与对方谈判。与对方的谈判进行得很顺利，但是最后说到价格方面的时候却出现了问题。对方不想按照小刘给出的价格来算款项，想让小刘退让一下，小刘拒绝了对方的请求，并对对方说，想要合作就得按照自己的规定来。但是对方不同意小刘说的价格，并对小刘说，如果答应减低一点价格，就会给小刘最低一成的好处，最低一成按照他们的进货量，也就是一个月给小刘5000元，对方满以为小刘会答应。但是小刘坚定地拒绝了对方并说如果降低价格，就去找别的公司合作，他们公司不接受其他的价格。对方大吃一惊，但是马上改变了态度，对小刘说自己是小刘老板的大学同学，早就已经决定按照他们的价格来进货了，只是试探一下小刘是不是一个忠诚于公司的人，并为同学的公司能有小刘这样忠诚的员工感到高兴。小刘的老板知道这件事之后，比以前更信任小刘了，而小刘在工作上也是越来越顺利了。

职场中，很多人都会遇到和小刘一样的事情，但在对待这一事情上却出卖了公司的利益，让自己的良心也因此受到了谴责。其实很多人时候，机会总会伪装成试探者，一旦你稍不留意，就会陷入陷阱之中。可见，坚持自己的内心，坚持自己的忠诚，就能战胜一切试探，增加自己的价值。只有这样，才能赢得上司的更多信任，帮助自己更好地实现人生价值。

6 忠诚就是没有任何借口

忠诚是中华民族的传统美德，也是每一个人安身立命之本。一位哲人曾经说过："一个民族的振兴需要忠诚的美德作为基石。"不仅如此，忠诚同样也是每个人应该具有的基本素质。尤其是对于职场人士来说，忠诚显得尤为重要。这是因为，从某种意义上说忠诚就是对于一种职业的尊重，就是承担某一责任时表现出来的敬业精神。

通常而言，忠诚的员工是最受老板青睐的。从某种程度上来讲，一点点忠诚更胜于更多的能力和智慧。只有忠诚的人，才会对自己的工作负责。

晓雯是一家房地产公司的打字员，在这家公司里，晓雯算不上优秀，各方面的条件都不算太好，长得不算漂亮，学历也不是很高。但是她对工作很负责，对公司很忠诚，从不给自己寻找偷懒的借口。

后来，公司的经营出现了问题，就连员工的工资都难以保障。这时同事们都纷纷跳槽了，老板也渐渐消沉。此时的晓雯不但没有因此而离开公司，还在公司最需要她的时候提醒老板，公司并没有垮掉，公司还有一个公寓的项目在手上，并将自己加班赶出来的策划案拿给老板看。在接下来的日子里晓雯就成了这个公寓项目的负责人，也正是这个项目帮助公司实现了重新振作。就这样，晓雯凭借着自己的能力以及对公司的忠诚，当上了副总经理。

当同事们都因为公司的窘况纷纷跳槽离开的时候，晓雯完全有借口离开。但是，她不仅没有这样做，反而留下来和公司一起渡过难关，这才是真正的忠诚。忠诚就是在公司需要自己之时，不找借口离开，继续坚守岗位；忠诚是员工在公司立足的重要因素，是员工最宝贵的财富，能够赢得老板的信任与坦诚。对待工作，没有任何借口地将它做好，再没有什么比这更能诠释“忠诚”二字的了。只要具备忠诚的品质，就能赢得未来。

但是职场上总是有这样一些人，他们明知道忠诚是自身应该具备的基本素质，忠诚就是不给自己找任何借口，但是却让自己习惯于找借口，甚至成了制造借口的专家；不论遇到什么问题都会给自己找出一堆借口，将责任推得一干二净。这样做只会让自己被借口牵着走，不停地为自己的行为找借口，即使做了错事，也不会意识到。其实，这类喜欢为自己找借口的员工，会给别人留下喜欢撒谎的坏印象，因而不会受到欢迎。这样不但会影响到自己的工作进度，还会影响到自己的职业前景。

张华是某公司的业务员，在工作中，业绩很好，深得上司的信任。但是有一次，自己的一个客户和公司竞争对手签了合同，这给公司造成了一定的损失。之后，他向上司解释自己会失去这笔业务的原因：自己在去谈业务的途中因为脚伤发作，所以比对方晚去了半个多小时，因此丢掉了这次机会。上司也知道张华的脚有问题，也就原谅了他。

但是，以后每当公司里的业务有难度或者是张华不愿意去的时候，他就会说自己的脚伤又发作了。他认为，反正脚是长在自己身上的，是否发作别人也不可能知道。

关于张华的脚，公司的员工都知道是在一次出差时出车祸造成的，这个伤对他并没有太大的影响。但是，张华就是利用自己的脚伤给自己不去跑业务制造借口。

但是，在碰到比较简单的工作时他又会去上司面前请求，希望得到这样的机会。碰到不好做的业务时总是说自己的脚伤又发作了。总之，张华脚伤的发作情况是能够受自己控制的遇到简单的工作就不会发作，而一旦工作比较复杂，就会发作。即使他现在做的都是简单的工作，但是其工作业绩却远远不如以前。最终，张华被解雇了。

即使借口再怎么合情合理，都会影响工作效率，因为你将自己的大部分时间花在了找借口上面。找借口在刚开始或许能带给人一定的好处，但是这种好处是以牺牲自己的信誉换来的，而且这种好处只是一时的，不会长期保持。

在工作中找借口的人，不会有成功的人生，只有那些将找借口的时间运用到工作中、以忠诚的态度对待自己工作的人，才会成为最终的成功者。总之，忠诚就是没有任何借口地努力完成工作任务。

7 职场工作有风浪，忠诚为你保驾护航

忠诚是员工应该具有的一种优秀品质，也是员工成就事业的基本素质。职场中，那些对公司、对工作忠诚的人会拥有更多的机会。但是职场从来就不是一帆风顺的，成功的道路上充满了坎坷。员工要想从普通走向优秀，就必然会遭受到风浪的打击，在这条道路上，只有懂得忠诚，才可

以以忠诚为盾牌，在其保护下顺利地驶向成功的彼岸。而且，也只有忠诚的员工，才会在促进企业发展的过程中赢得自身发展的机会，并且在企业中脱颖而出。

范勇刚进公司的时候，就给自己定下了目标：半年之内一定要坐上销售部门业务主管的位置！而且经理也曾说过："在半年之内，我会在你们五个新入职的员工中挑选一人当业务主管。"

不过，范勇也仔细考虑过了，要想当上业务主管可不是件容易的事，在短短的半年时间内就让自己从水平相当的几人中凸显出来，单靠苦干是不行的，一定得有点智谋才行。

之后，他利用业余时间浏览各大广告设计网站，并频频跟设计高手"取经"。但是所有他得来的成果和经验从来没有和其他人分享过。不仅如此，当这几位同事向他请教问题时，他也总是推脱躲闪，尽量把自己的见解藏起来。有两次，甚至是非常紧急的情况下，他还是不舍得把自己的才能贡献给负责的其他同事，目的是怕别人比自己能干。

眼看，半年就要过去了，当范勇满心欢喜地认为业务主管一职肯定非他莫属时，这个职位却由另外四个同事中的一人担任了。面对经理的决定，范勇去找他评理。经理平和地对他说："公司之所以能有今天，靠的是什么吗？那就是每一位员工对公司的忠诚，因此，在我们公司，只有那些能把公司的利益置身于自己利益之上的人才是最理想的人选。"

原来，经理对这些员工在入职后的所作所为都是明察秋毫的。在范勇离开公司时，他还拍着他的肩膀语重心长地说："记住，无论你今后进入什么样的公司，都要对公司十足的忠诚，永远不要只为了自己而置公司的利益于不顾。"

职场从来都不是风平浪静的，总是会有这样那样的困难等待我们。但是要想真正地渡过难关或在公司做出一番成绩，就必须保持对公司百分之百的忠诚。只有有了这个前提，努力才会有收获。否则，如果总是怀着自己的"小九九"做事，到头来只能像故事中的范勇一样被公司淘汰。

职场上，一个忠诚的员工不仅能赢得上司与同事的好感，而且在遇到阻碍自身发展情况的时候，也会得到上司与同事的帮助。相反，没有忠诚意识的员工，其职场之路就不会太顺畅。

小玲是刚刚进入目前这家企业的员工，由于之前在别的公司有比较丰富的经验，加之工作能力也很强，所以，一进公司就受到了老板的器重，甚至成了公司的一个中层干部。然而，这让那些很早就进入公司，但是没有得到升职机会的老员工很不满，因此，她总是受到排挤。好在小玲刚进公司的时候，老板就已经交代过了，说那些老员工或多或少会对她有一些抵触情绪，希望她能多多包涵，小玲也答应老板了，所以，也没有太在意。

但是，有一天小玲实在是忍无可忍了，公司一个老员工在向老板汇报工作的时候由于工作差劲儿，被老板骂了，而那位员工却说这件事是小玲的主意。刚好小玲这个时候给老板送东西过来，所以听见了；小玲很生气地对着老板说："她在说谎，根本就不是我的主意，我什么都没有说，她只是想推卸责任。"

老员工没有想到小玲会生气，不敢肯定眼前这个小玲就是平时什么都好商量的小玲了。而老板对于小玲的表现也有些吃惊，但还是很快就反应过来，对老员工说道："我知道你是在说谎，小玲是一个很有能力的人，以她的水平是绝对不会做出质量这么差的方案的。请你跟小玲道歉！"老员工没有料到老板会向着小玲说话，认为自己是公司的"开国功臣"老板应该会给自己面子的，但此刻老员工被老板的气势压住了，很不情愿地向小玲道歉。

小玲走出去之后，老板向老员工说起自己之所以那么相信小玲，还会让小玲在公司里担任要职是有原因的。老员工也想知道其中的原因，于是老板说道："当时，小玲还是咱们对手公司的一个员工。你也知道那个公司的业绩并不好，甚至随时都会倒闭。就是在那个时候，我去那家公司，找到小玲，对她说，如果她能加入我们公司，我一定会给她很优厚的待遇，但是前提是她必须拿着自己公司的秘密过来。但是，小玲一口拒绝了我的请求，因此我对她的印象很好，我很欣赏她这样忠诚的员工。不久之后，她们公司真的倒闭了，小玲也就没有了工作，这个时候我又找到她希望她能来我们的公司，而她对我说她现在已经无法掌握公司的秘密了，恐怕会让我失望。而我对她说上次那只是一个考验，就是想知道她是不是一个忠诚的员工，她通过考验了，可以过来工作了。所以，她才会来我们的公司，这也就是我会欣赏她的原因。"

老员工听完老板的话之后，对小玲的态度也明显比以前好了很多，不但不排挤她了，而且还会配合小玲的工作。

小玲凭借忠诚帮助自己赢得了老板的信任，最终也得到了同事的尊重与配合，使自己的工作进行起来更加顺利。如果是一个缺乏忠诚的员工，那么在遇到这样的问题时，不仅不会得到上司与同事的帮助，还会让自己的职场生涯陷入困境，而这种困境也是无法化解的。

职场不是一帆风顺的，暗礁处处存在，困难更是举不胜举。对此，忠诚的员工会得到同事与上司的帮助，最终化解危机；而不忠诚的员工，只会让自己在困境中越陷越深，最终无法自拔，更谈不上成功。

8 工作无小事，工作意味着责任

放眼当前的职场，无论从事何种工作，无论职位的大与小，只有肩负起责任，把工作当做自己的事业来经营，就一定能够取得一定的成绩。尤其是在现代企业中，其运营管理与合作分工已经相当完善，已经不存在一个人兼顾多个工作的现象，而更多的是一个人重复做着规范化的某一部分工作，在这样的企业中可以说成功就是将简单的事情重复地做到位。因此可以说，工作中没有小事，只要把每一件小事都做到位，就一定能够成为最优秀的员工、最称职的员工。

一家家具公司正在高薪招聘家具设计师，前去应聘的人很多,而且看起来个个都很精明能干。应聘者一个个地进去,又一个个地出来,大家看起来都是胸有成竹,而且整个面试只有一道题,这道题大家看起来是简单得不能再简单的。每个人都觉得自己发挥得很好,一定会被录取。但是,结果却出乎意料,所有参加面试的人没有一个被录取。

这样的结果让大家都很困惑,他们对面试官表示了自己的疑惑。面试官做出了这样的解释:"其实,对于这样的结果,我们也很遗憾,我们很欣赏各位的才华,你们对面试题的答案也是条理清楚、有理有据,但是你们都忽略了一个问题,我们的面试题不是一道,而是两道。遗憾的是,对于另外那道题,你们都没有回答。"

大家对面试官的解释很不理解:"还有一道题?试卷上明明只有一道啊!"

"对,还有一道题,你们看见躺在门边的那把扫把了吗?你们进来面试的时候,有人从上面跨过去,有人甚至在经过它旁边的时候踢了它一脚,就是没有人把它扶起来。现在的工作一般都是每天重复不停,就需要将简单的工作做到位,像你们这样对待工作的态度,能将工作做好吗?你们最缺乏的不是才华,你们缺乏的是对责任的深刻理解,责任就是将一件小事做好。"

工作无小事,工作意味着责任,一个人能否将工作做好,最终靠的不是自己的才华,而是对工作的责任。一个人即使很有才华,但是对工作中的责任没有很好的认识,其才华也就失去了展示的机会。所以,工作中不论事情有多小,都应该对责任有较好的认识,这才是对待工作应有的态度,才能帮助自己实现自身价值。

美国独立企业联盟主席杰克·法里斯,曾经对人说起过自己少年时的一段经历,而这段经历能帮助我们更好地认识到工作中应注意一些细小的事,并有责任将其做好。

在杰克·法里斯13岁的时候,开始在父母的加油站里工作。那个加油站很小,只有3个加油泵、一条修车地沟和1间打蜡房。而法里斯之所以会在这工作，就是因为他想学修车，但是他的父亲却只是安排他到前台接待顾客。

开始，法里斯很不情愿每天和加油泵、修车地沟、打蜡房打交道，觉得它们不起眼，而自己真正想学的则是学修车。因此，他每天工作无精打采的，直至有一天父亲对他说了一番话，他才转变了自己的态度。父亲说的那番话是这样的："这是你的工作，工作中任何小事都不能轻视，只有从小处做起，才能做好以后的大事。如果你能做好前台接待工作，就能做好以后的修车工作。"

于是，每当有汽车开进来的时候，法里斯就在车子未停稳之前就站在车门的位置，然后开始检查油量、蓄电池、传动带、胶皮管以及水箱。在工作不长时间之后，法里斯就发现如果自己干得好，顾客还会再来。于是法里斯对待工作更加积极与热情。甚至还会做一些自己工作以外的事情，比如说帮助顾客擦去车身以及挡风玻璃和车灯上的污渍。

就在他工作的那段时间里，有一位老妇人总开着自己的车来清洗和打蜡，这辆车的车内地板凹陷很深，很难打扫。而且老妇人是一个很认真的人，也很难打交道。每次法里斯打扫完车子之后，她都会仔细检查一下，并指出哪里没有打扫好，需要重新打扫，直到清除完每一缕棉绒和灰尘，她才满意。

有一次，法里斯忍无可忍了，对父亲说起这个老妇人是多么的难缠，自己再也无法为她服务了。而父亲对于法里斯的诉说是这样回答的："孩子，记住，这是你的工作！不管顾客说什么或者是做什么，你都要做好你的工作，并以应有的礼貌去对待顾客。"

父亲的话，让小小的法里斯很受震动，法里斯说道："正是在加油站的工作使我学到了严格的职业道德和应该如何对待顾客，这些东西在我以后的职业生涯中起到了非常重要的作用。"

工作就意味着责任，推卸责任的心态不利于将工作做好。真正对工作的责任必须是,当工作到来的时候认为这是对自己的一种考验,想到的也是如何用最佳的方式将工作做好。而且,不论事情是大是小,都应以自己最高的责任感,努力将工作做好,进而赢得领导的信任,获得职场生涯的成功。

9 勇于承认自己的错误

在工作中,错误是不可避免的,一旦发现错误就一定要及时改正,并从中吸取教训,避免再犯,因为工作中的错误能帮助我们更好地成长。犯错误之后,就应该勇于承认并及时改正。其实,只要勇于承认并及时改正错误,人生就成功了一半;而另一半则取决于你是否能将事情变成好事,是否能实现事情的顺利发展。

犯错误很正常,勇于承认错误能帮助我们消除工作中的误会,从而得到别人的谅解。所以不要将承认错误当成是可耻的行为,拒不承认错误的人才是可耻的。

刘晨是一家公司的员工,这天他要去外面办事,刚出门的时候上司就对他说部门下午要开会,让他在开会之前赶回来,刘晨也答应了上司的要求。但是,当刘晨上了出租车之后,才发现路上开始堵车,看来肯定在三点之前赶回公司做不到了。但刘晨并没有对上司说明情况,只是坐在出租车里想着上司肯定能知道路上的情况,因为几乎每天路上都会堵车。所以,当他回去之后也就没有跟上司解释什么。

回到公司之后,上司很生气。对于上司的大发雷霆,刘晨感到很委屈,认为不应该怪自己迟到,而上司也应该体谅一下自己。公司老板听见这边的吵架声赶紧跑过来看情况,了解情况之后,老板也批评了刘晨。

同事对于刘晨所受到的待遇觉得不可思议,因为在他们看来经理与老板应该体谅一下刘晨。刘晨也是在尽量往公司赶,路上堵车也不是刘晨所能预测的，而经理与老板不问清楚情况就批评刘晨，是不对的。但是，其中一个同事也说出了自己的看法："刘晨也有不对的地方，不能将所有问题都推给经理与老板，刘晨在进来的时候如果主动对经理说声'对不起'，还会出现这样的结果吗？刘晨没有认识到自己的错误，在经理跟他约定三点赶回公司的时候就应该将所有可能发生的情况都考虑进去，堵车的时候，看见时间来不及了就应该给经理打个电话说明情况。人非圣贤，孰能无过，每个人都会有做错事的时候，虽然刘晨这次的迟到不能说是他犯的错误，但是当他意识到不能顺利、准时赶到公司时，就应该打电话对上司说清楚。隐瞒情况只会带给他更大的麻烦。"同事们听了这样的分析之后，觉得很有道理，也觉得职场中犯了错误就应该及时改正，这样才不会造成严重后果。

犯了错误，说声"对不起"，并立即改正，能化解紧张情绪，为自己与对方之间的进一步沟通创造良好的条件。勇于承认自己的错误，在职场生存中占据重要地位。职场中勇于承认错误的人，能让上司感到放心，消除对方的不愉快心理，还能化解双方心里的不满，让双方的心情豁然开朗，并肩作战，一起面对生活的挑战。

人在犯错之后，都有掩饰自己行为的心态。但是勇于承认自己的错误，是作为员工能否成功的前提。如果犯错之后只想如何逃避惩罚，那么你永远也不会成功，因为你无法从失败中吸取教训，即使下次再出现这种情况也只会再错一次。所以，想要得到事业上的成功，就必须在犯错误之后勇于承认并及时改正，以吸取教训。

工作中，出现失误是在所难免的，关键就在于用什么样的方式去对待失误。如果在知道自己犯错误之后，还是拒不承认甚至将错误推向同事，只会将自己推进牛角尖里面，对于处理同事关系也没有好处。因此，当工作出现失误时，正确的、积极的做法就是勇于承担并及时改正，掌握了这样的方式也就是成功了一半。

工作中犯了错误，首先就应该从自己身上找原因，不能将其原因推给外界的客观的因素。这样的做法只会让自己失去同事的支持与帮助,想要让自己的工作能顺利完成,几乎是不可能的。甚至在这样的被人孤立的环境下,被炒鱿鱼也只是时间的早晚而已。

人非圣贤,孰能无过?工作中出现失误,勇于承认并及时改正常常能得到上司的谅解与信任,而不会改变上司对你的看法。而且,在你勇于承认错误并及时改变的过程中,不仅能让上司看见你的坦诚,还能让上司对你处理问题以及改正错误的能力有所了解,在以后的工作中会更加重视你。

另外,不要将错误看得太重要,错误是有灵性的,你越是害怕它,越是躲避它,它就越是跟着你。在出现错误的时候,你需要做的就是想办法去改正它,勇于承认并能及时改变错误的人,在工作上才能赢得同事的配合以及上司的信任,也才能促进自己事业的成功。

10 骗人终骗己

职场就是讲诚信的地方,没有诚信就不能在职场上立足。不诚信的人终会为自己的行为付出代价。谎话即使再完美,也有遮不住的时候。在工作的时候,如果用虚伪的外表包装自己,借以欺骗公司的领导,到头来都会葬送前程。

职场上,不讲诚信的员工或许能得到一时的发展,但是最终却会为自己的行为付出惨重的代价。因为大多数人都不喜欢欺骗自己的人,而不讲诚信,就是对别人的一种欺骗。这种人在职场上不能得到上司与同事的欢迎,他们的工作也会因此受到影响,职场发展受到阻碍,甚至还会失去工作。

小陈是一家公司的新员工,但是她的表现十分不好。但是为什么能力如此不强的人能够进入这家公司呢?原来,这不得不说到这样一件事情。

当初她来公司面试时,简历上写着有“2 年以上同行业的客服工作经历”。当时的面试者也没多想,就相信了她,并很快地为其办了入职手续。

入职后小陈的表现令人大跌眼镜:抱怨三班倒难以适应;回答客户咨询时信口开河,明知道不是公司所能提供的服务也全部承诺下来;经她电话接待的客户,流失率很高……后来经 HR 核实才知道,小陈的本科学历是花 500 元买的假证书,而其所谓的“2 年以上同行业客服工作经历”更是信口雌黄。由于其严重缺乏诚信,属于严重违纪,公司作出了与她解除合同的决定。

小陈为自己的不诚信付出了代价,这不能不令人深思。也许职场上依然有像小陈一样的人,依然在自己的伪装下工作着,并担心着某天自己的“秘密”被发现,然后被开除。其实,早知如此,何必当初,天底下没有不透风的墙,即使能骗得了一时,却骗不了一世。而且,不光是职场中,无论什么样的情况下,都应该做到诚信,不能对别人有一丝一毫的欺骗,欺骗别人其实就是害自己,因为最终付出惨重代价的始终是自己。

何俊是一家公司人力资源部的经理,负责给公司招聘新员工。曾经有一个求职者给他的印象很深刻,那个求职者各方面都很优秀,而且何俊都已经决定要让他成为自己的新同事了;但是当何俊问起他为什么会离开原来的公司时,发现那个求职者说话很不清楚,当时何俊就觉得不对劲,于是就打电话给那个求职者以前公司的负责人,向对方询问求职者为什么会离开公司。

对方回答说:“他也是刚刚进入我们公司就辞职的,来到我们公司的时候,我们也问过他为什么会离开原来的公司,他没有说。但是,听他说话好像是在原来的公司受委屈了,在我面前说了很多原来上司的坏话,可是我后来了解到他并不是因为受委屈而离开公司的,而是因为泄露公司秘密而被开除的。所以,我也将他开除了……”

何俊听了这番说法之后,决定不再录用那个求职者。求职者知道后,就对何俊说自己就是因为有以前的不光彩的记录,害怕会被拒绝,所以就没有说出以前的事情,没想到自己的隐瞒反而带来了更严重的后果。

无论是在什么情况下，都不能说谎或者是隐瞒重要信息，因为这样做最终的受害者只会是自己。对别人的欺骗只会是一时的，但是这种欺骗给自己带来的不利的一面却可能是永远的，甚至是对自己职场发展的永远的伤害。所以，想要让自己的职场发展更加顺利、更加长远，就不要做欺骗别人的事情。

11 骗得芝麻，丢掉西瓜

很多人常常会因为眼前的利益而忘记自己更大的目标，甚至会忘记自己本来的追求。为了实现自己的长期目标和理想，就一定不要让自己成为一个目光短浅的人，不要为眼前的“芝麻”，丢掉了长久的“西瓜”。

成功的路上会有很多坎坷，追求成功的道路也是迂回曲折的，在每个阶段都应该小心翼翼地前进，经受住成功路上的各种诱惑，只有这样才能赢得最终的胜利。而那些为了眼前利益放弃长远利益的人始终无法得到成功的机会。即使当时获得了一丁点儿好处，但从长远来看，则是对自己诚信的毁灭。真可谓是骗得了芝麻，丢掉了西瓜。

周先生在一家留学机构工作了不到半年，就不得不自动辞职了。说起这段经历，他至今都后悔不及。

当初他到公司面试时，说自己虽然没有在海外留过学，但是在以前的公司曾派他前往法国工作过11个月。由于当时说得煞有介事，让面试者觉得这种事情没办法做假，所以就信以为真，让这个能说会道的“人才”很顺利就通过了面试，进入了欧洲部。

但是，周先生的做法引起了大家的猜测，他对自己的那段“海外派遣”的经历十分忌讳，即使有同事和他聊起，他总是遮遮掩掩。一次在办理签证时，他的“天大秘密”终于泄露了。原来他根本没在法国长时间待过，充其量只是拥有一个3个月的探亲签证,而且护照上显示他只待了一个月不到。

从此,大家虽然口里没说什么,但是对他的态度明显不如从前了,甚至比以前冷淡了很多。更明显的是,大家对他说的话再也不像以前那样信任了。不久之后,他自己也觉得十分尴尬,就主动离职了。

周先生虽然用自己的“小聪明”进入了欧洲部工作,但最终还是在大家的面前揭开了面纱,露出了马脚。可见,职场上的每一个人都应忠诚于自己的良心,忠诚于公司,这样才不会出现捡了芝麻丢了西瓜的结果。在面对诱惑之时,应该做的不是如何去取得这一利益,而是要坚持自己对目标的追求。

成功路上会有很多挫折,在面对这些挫折的时候有的人选择欺骗,以获取暂时的、眼前的利益,殊不知这样只会让自己最终失去成功。一个目光远大的人,会用一种平静的心态看待人生,他们会有步骤、有计划地实现自己的职场规划。只有这样勇于面对眼前挫折,用积极进取的心态对待挫折的人,才能在通往成功的路上越走越远。

黄静是英语专业的学生,大学毕业之后,没有找到合适的工作,而是经同学介绍,到处找兼职。现在她已经毕业两年了,可是还没有一份完整的工作经验。她刚开始做兼职就是因为自己的专业不好找工作,而兼职能带来的工资收入很大,所以就一直在做;但是兼职做的时间长了,渐渐地也就发现了其弊端,虽然能带给自己更多的金钱收益与大多数的空余时间,但是其工作不稳定,没有规律,渐渐地,黄静对自己的工作失去了安全感。眼看着以前的同学一个个过得那么好,都进入外企了,就越来越着急。

最近,她得知一家外企在招聘职员,但是对方要求有一年以上的经验。黄静当时就想自己做过两年的兼职,应该可以算是一年的经验吧,于是就向那家公司投递简历。而对方也给了她面试的机会。但是在最后一轮的面试中,有一个面试官是她以前做兼职时的服务对象,对方一下就揭穿了她,并在最紧要的关头将她淘汰了。

黄静的行为就是典型的得了芝麻、丢了西瓜的事例，她通过简历造假，虽然得到了面试的机会，但最终却被人发现，不得不落荒而逃，以至于失掉了“西瓜”。

在职场生活中，由于暂时的、眼前的利益充斥在你的眼前，很多员工来不及清醒地考虑，就被眼前的“芝麻”所迷惑。为此，他们不择手段，甚至用造假、欺骗这样的招数来对付。一般来说，凡是这样的员工，无一例外地会因此而毁掉自己的前程，从而后悔不已。

12 巧诈不如拙诚

“巧诈”就是心怀鬼胎，有目的、有意图地表现出某些能够吸引别人的假象，这虽然这种做法看起来灵活机动，富于变化，其实是一种自以为聪明的做法，只适合与人一次性相处。因为在别人受过欺骗之后，就不会有联系了。如果与朋友或者是同事的交往中，仍然运用这样的方式，最终只会让自己处于孤立无援的境地。

在职场中，无论是对工作还是对同事，都要讲究诚信。虽然有时候诚信的行为会显得很笨拙甚至愚蠢，但是这样的处事方式没有欺骗别人，能为自己赢得他人的信任。很多时候，看似笨拙的忠诚都不被人们理解，人们往往认为在当前社会，人只有学得“聪明点“，才能更好地在职场中立足，殊不知这种看似笨拙的行为后面隐藏着一种真诚的品质——忠诚。在工作中，只有保留一份忠诚，才能赢得同事的信赖、帮助，赢得领导的青睐和重用。

谢福慕是一家公司的员工，在公司里同事们都排挤他，都不愿意与他相处，其原因就是他为人不诚实，爱说假话。刚刚来到这家公司的时候，他害怕同事们会欺负新同事，于是就在公司的聚会上编了一个故事，说自己本来是沧县人，也不姓谢，而是姓解，有一年家乡发大水，母亲怕他被洪水冲走，于是将他裹好放在一个大木盆里。而盆子随着洪水到处漂流,后来就被自己现在的父母救起来,将他养大,还给他取了名字叫"谢福慕",其意思就是"谢谢浮木"。说着,他还流下了眼泪,而公司里的同事也被他说的故事感动了,尤其是公司里那些沧县的员工,看见谢福慕更是感动,而谢福慕也对自己编故事的能力非常得意。

之后,公司里的沧县员工,对谢福慕更是百般照顾,真的将他当成自己的老乡看待。公司里的其他同事不但没有欺负他,而且对他百般照顾。过着顺心如意的日子的谢福慕更是陶醉于自己编织的谎话里。

但是,没过多久,同事们就知道他的故事完全是自己瞎编的。发现这一"秘密"之后,同事们对他都格外小心。只要是他说的话,同事们都会仔细分析一番,以确定其中的真假。这样,同事们渐渐地远离他,将他孤立起来。他也觉得自己难以再在单位里待下去,所以就辞职了。

从他的故事中可以看出,想要在与人交往中得到更多的帮助,为自己的成功创造更多的条件,就不要只追求那些貌似灵活机动的"巧诈",而要多多注意"拙诚"。

工作中,一些所谓聪明的办法,只会给人留下你"是一个不诚实的人"的印象,对自己没有一点好处。相反,与领导、同事相处时,保持真诚的、积极的心态,并用真诚的心对待工作中,就能加强自己在他人心中的美好形象,赢得他人的信任,进而为自己的成功创造条件。

张青是一位刚毕业不久的女孩,由于一时找不到工作,只能待业在家。一天,她偶然看见报纸上有条招聘服装营业员的信息,加之自己对这个工作十分感兴趣,因此便前去面试,希望得到这份工作。尽管上面的要求是要有工作经验,但她还是去了。

同来面试的还有其他三个女孩,她们向面试的老板声称自己有三年卖服装的经验。最后,轮到张青了,她没有被前面强大的对手吓倒,而是坦诚向老板解释道:"我没有工作经验,但我对这项工作很感兴趣,我自信,经过短期的实践后,我能够胜任这项工作,希望您能给我一个竞争的机会。”

经过两天的试用,老板意外地选择了张青,却回绝了其他几个人。原因很简单,那些声称自己有经验的求职者根本没有经验可谈,只是为了能争得这个职位,才在应聘时说了谎。面对几名都有经验的求职者,老板还是选择了诚实者。

张青凭借自己的真诚打动了老板,赢得了老板的信任。也许在别人看来,张青之前的做法有些愚,但是这种“愚”使她在几名试用者中胜出,并成了笑到最后的人。

可见,唯有真诚与诚信,才能让人获利更多的利益,也才能成就个人的成功。

第七章　人无诚不立，业无诚不旺

俗话说："人无诚信不立，家无诚信不和，业无诚信不兴，国无诚信不宁。"在竞争激烈的市场经济条件下，诚信已经成为一个企业不可或缺的无形资产，成为提升企业竞争力的关键所在，是企业可持续发展的根基之一。

1 职工诚信铸就企业口碑

“人无诚信不立，业无诚信不兴。”自古以来，诚信就是我们生活中必不可少的一部分，《中庸》认为：“诚信，人之道也。”《增广贤文》中提到：“一言既出，驷马难追。”就连文艺复兴时期的布鲁诺，也把诚信列为人生众美德之首。不仅如此，诚信还是一个企业的无形资产，是提高企业竞争力的关键所在，是企业持续发展的根基所在。

在当前社会，市场经济就是信用经济，诚信是整个市场机制正常运转的基础。在激烈的竞争中，每个企业只有做到诚信，才能从根本上保证企业的生存和发展。对于一个企业来说，要想在残酷的竞争中得以生存和发展，就必须坚守诚信。

那么，企业的诚信从何而来呢？员工。员工是企业诚信的缔造者。试想之，如果一个企业的员工不讲究诚信，玩忽职守，对待工作不认真，拿什么来保证产品的质量？如果员工对自己的公司背信弃义，或是对待客户坑蒙欺诈，还拿什么来谋求发展呢？

惠普作为一个历史悠久的跨国公司，之所以能够在激烈的竞争中处于不败之地，关键在于惠普中的每一个员工。一直以来，惠普公司都非常重视员工的人品操守。每一位惠普工作者，都将“恒久价值”的工作精神作为自己的职业信条，并借此来督促自己，诚实、认真地对待每一天工作。

惠普非常重视员工个人的修养，尤其是重视员工个人对工作的诚信态度。他们认为，一位员工只有具备诚信的品格，才能诚实地对待工作，才能为公司赢得信誉和利益；相反，如果忽视了诚信，或许在短时间会带来一定的效益，但从长远来看，必然有损企业的信誉和形象。

因此，惠普在招聘员工的时候，非常青睐诚实、正直的人才。

惠普的面试官曾经说过："面试的时候，一定要保持自信、真实的态度。有什么就说什么，不要刻意地夸大和吹嘘，天花乱坠的吹嘘是没有用的。"曾经有个年轻人去惠普面试，把自己吹捧得神乎其神，然而当问到他的具体问题时，他总是闪烁其词，面试者旁敲侧击地问了几句，便真相大白。而这个年轻人也始终没有踏入惠普的大门。

对此，惠普的面试官解释道："面试弄虚作假，不讲诚信，以后进入公司肯定不能认真地对待工作，这样一来，如何保证我们公司的信誉和形象？长此以往下去，我们拿什么和别人竞争？"

的确是这样，公司的信誉和形象是由员工共同创造的。只有企业的每一个员工都将诚信放在心中，才能认真地对待工作，才能尽职尽责，保证产品的质量，从而帮助公司树立品牌，提升公司的竞争力；反之，如果员工不能保持诚实的工作态度，又如何能保证得了工作的质量呢？

诚信是企业进行一切经营活动时必须遵守的首要原则。而企业又是由员工组成的，只要每一个员工都讲究诚信，做到不造假、不欺骗，就一定能够保证企业的信誉和形象，从而使企业不断发展壮大下去。

小王是某家电视机厂的一名主管。在日常工作中，小王时刻将"诚信"二字放在心中，对待工作积极认真、深受同事和领导的喜爱。有一次，一位外商来到公司订货，在观看电视机的时候，外商详细地询问了有关电视机的情况，小王是知无不言，将电视机的优缺点一一阐明。

就在这时，很多同事都觉得小王真傻，为什么不把自己的产品大大赞扬一番。这样实话实说，万一那个外商不愿意和自己合作了，小王肯定会被老板炒鱿鱼的。就在人们议论纷纷的时候，小王承诺以每台 300 美元的价格向外商提供 5000 台电视机，并代表公司和这位外商签订了合同。

然而，合同签订之后没多久，市场经济形势就发生了变化，随着生产材料价格的上涨，电视机生产成本逐渐升高，这时电视机的生产成本从原来的每台260美元上涨到310美元。但是为了履行自己的诺言，维护公司的信誉和形象，只能咬牙坚持生产。

待到5000台电视机生产完之后，小王向经理请示，并着重说明了现在的情况，他认为，公司必须按照合同的承诺向外商发货。而其他的主管则纷纷表示异议，他们认为，这件事情可以先和外商沟通，重新来拟定一下产品的价格。对此大家争论不休。

最终，经理还是采纳了小王的做法。当小王把5000台电视机交给外商的时候，才松了口气。小王认为，这样才保证了公司的信誉。事实也正是这样，其实外商早就了解到市场经济的变化，他原本也以为会重新拟定价格，没想到小王还是按照原来的合同，将电视机保质保量地送了过来。为此，外商十分感动，随即又以每台380美元的价格订购了5000台电视机，借此答谢小王和公司的诚信。

此后，外商还介绍了许多顾客给小王，因为小王和公司的诚信，很多厂商都和他们建立了长久的合作关系。

在市场经济的活动中，每一个经济主体都不能违约行事，谁一旦违背契约，必定会失去合作者和消费者的信任，从而使自己的公司陷入困境。因此，对于员工来说，若是想在公司的舞台上有更大的发展，若想获得更大的发展前途，在工作中就必须将诚信铭记心中，真诚、认真地对待工作！而作为一个公司，要想在竞争激烈的环境中站得住脚，就必须保证企业的员工永远把诚信作为工作的第一要则。

2 诚信是市场经济的通行证

诚信是人类文明社会的果实，它体现了市场经济必备的道德理念与法律意识，反映了社会交往赖以维系和发展的基础。有人说，诚信是金，是一个企业生死存亡的关键。的确，市场经济其实就是一种诚信经济，没有诚信就没有正常的商品交换，没有诚信就没有正常的经济秩序。

对于一个企业来说，诚信是企业进入市场的通行证。在当前市场经济条件下，企业只有始终如一地坚守诚信，才能形成良好的信誉；而良好的信誉不仅仅是一个企业的整体形象标签，是企业一种无形的资产，更是一个企业的生命。任何一家企业，如果抛弃了诚信，就等于选择了“慢性自杀”，非但不能获得经济效益，反而会被市场淘汰。

提到晋商，相信很多人都非常熟悉。晋商兴起于明清时期，曾经一度声名显赫、富可敌国，辉煌了数百年。山西票号素来讲究“守信、讲义、取利”，他们把守信、讲义放在取利之前，依靠信和义来赢得人心。

当时山西平遥的“日升昌票号”，在全国各地有 600 多个分号，甚至远及日本、朝鲜、东南亚、俄罗斯等地，年汇总金额 100 万两至 3800 万两不等，经时 100 多年，盈利 1500 万两。

日升昌票号之所以有如此大的市场，和其讲究诚信是密切相关的。1900 年，八国联军攻破北京城，京城中的王公大臣纷纷逃到西安，由于事发突然，他们来不及收拾家中的金银财产，他们只有随身携带的日升昌票号的存折，一到山西，他们纷纷跑到银号兑换银两。

而山西的日升昌票号在这次战争中也损失惨重，他们设在北京的分号不但银子被劫掠一空，甚至连账簿也付之一炬。可以说，没有账簿，总票号根本不知道谁在北京的分号存过银子，更不知道他们到底存了多少。在这种情况下，山西日升昌总票号完全可以向京城来的人说明自己的难处，并等到重新整理账目之后再作安排。但是，日升昌票号并没有这样做，他们立刻兑现了所有客人的银子。

日升昌票号的这一做法，让当时很多人感到无限的敬佩。待到战乱之后，日升昌的北京分号重新开张时，不但普通百姓纷纷将自己的钱存入票号，就连朝廷也将大笔的官银交给票号收存。

数百年前，日升昌票号就凭着自己的“守信、讲义、取利”精神，在全国、甚至海外都开辟了自己广阔的商路。在今天的市场经济条件下，“诚信”二字显得更为重要，任何一个企业，只有将“诚信”二字融入到经营理念中，才能从根本上保证企业的根基，从而实现更好的发展。

我们所熟知的海尔集团，在多年的经营中，一直以“质量、信誉”为自己的奋斗目标。

1999 年 1 月，海尔集团空调器有限总公司应邀参加了美国芝加哥举行的“第 59 届芝加哥国际制冷展”。应邀参加的还有当时美国最大的也是世界最著名的家电公司——通用电器公司。当通用电气公司负责全球空调销售的培利先生看到海尔的产品和事迹后，不无感慨地说：“今天真是不虚此行，我们不久前得知，海尔在英国《金融时报》评选的 1998 年亚太最具信用公司中进入前七名，今天一看果然名不虚传，我预言，海尔将是未来的美国通用电器，我们要全面扩大与海尔的合作。”

十多年过去了，海尔集团用它的辉煌成就向世人证明了一切。

毫无疑问，信誉是海尔走向成功、走向世界的通行证。从他们身上，我们看到了诚信的力量，尤其是在市场经济条件下，任何一家成功的企业都离不开诚信的保障。

诚信是品牌，是竞争力，是企业在市场经济中不断向前的通行证。然而，在当前社会，不讲诚信的企业大大存在。放眼望去，各种假冒伪劣的商品充斥市场，不仅损害了人们的利益，同时也扼杀了公司发展的前途。

1992 年，美国的百事可乐公司在菲律宾开展有奖促销活动，因为没有按照事先的承诺兑换奖品，引起一场风波，百事可乐公司被许多消费者告上法庭。从此之后，百事可乐在菲律宾的销售一落千丈，逐渐失去了菲律宾的销售市场。

同样，我们熟知的三鹿集团，最初的时候，正是由于企业信誉良好，才打开了广阔的市场，创造出了灿烂辉煌；而后期，企业在发展中逐渐抛弃了诚信，出现了产品质量问题，从而致使公司破产，无法在市场上立足。

显而易见，百事可乐在菲律宾的言而无信，致使其不得不退出菲律宾的市场；三鹿失信，出现了产品质量问题，不得不含泪破产。可以说，如果一个企业放弃了诚信，也就意味着丢弃了走向成功的通行证。一个没有诚信的企业，是无法在市场上站住脚的，经济效益更是无从谈起。诚如富兰克林所说："信用就是金钱。"对于企业来说，不讲诚信之德，就是自断财路。

3 诚信是企业的最好广告

有位久经商场的老者对"生意"一词做了这样的解释：**"生"者，活也，也就是说，做生意要讲究薄利多销才能将生意做红火；"意"，立字当头，就告诉我们站立服务礼貌待客。中间"曰"字即是开口说话，作为一个生意人，在顾客面前就应该见面有迎声，问话有答声，出门有送声。而下面的"心"字，则表明你必须对顾客有诚心、关心和诚信。**"老者的一段话，可谓道出了"生意"的真正含义。

在当前市场经济条件下，竞争日益激烈，为了争取广阔的市场，不少企业不惜花掉重金做广告，反而忽略了"生意"二字的含义，忽略了产品的质量，也丢掉了对消费者的诚信，最终不但没有达到预期的效果，反而一步步走上破产的边缘。

那么，对于一个企业来说，什么才是最好的广告呢？我们不妨从以下的事例中来找寻答案……

1993年，黄斌在中关村与人合作了一个小门面，进行电脑组装，开始做起了自己的IT业。黄斌接到的第一笔生意，居然是一笔 20 万元的大单子。一位东北人来北京组装电脑，听到黄斌的报价后，觉得比其他的几家要低很多，于是马上就和黄斌签订了 20 万元的合同。

合同签完之后，黄斌才发现自己把价报错了。如果他继续做这笔生意，那么他将会赔 1 万多，而当时黄斌总共的资金也不过 3000 元。黄斌思来想去，摆在面前的只有三条路：一是守信誉，硬着头皮把生意继续做完；二是找到那个东北人，和他讲明原因，然后请他把差价补上；最后一条是把单子推出去，说做不了。

经过两天的考虑，黄斌最终决定守住自己的信誉，按照最初签订的合同将生意继续做了下去。东北人知道之后，非常感动，紧接着就把 100 万的单子给了黄斌。

一个刚刚成立的小公司，尽管资金有限，甚至面临着破产的危险，但黄斌仍然坚守诚信。正所谓“塞翁失马，焉知非福”，正是黄斌的诚信行为，反而为他的小公司做了一个强有力的广告，推动了黄斌事业的发展。

在我国的制药行业，有一个传奇，跨越五个世纪，历经 350 年的风雨而长盛不衰，它就是中药行业的龙头企业——同仁堂。

明朝永乐年间，浙江人乐良才带着创业的梦想来到北京。为了养家糊口，这位乡村医生走街串巷摇铃行医卖药。他们慢慢地在北京城扎下根来，他的曾孙乐显扬不仅承袭了先祖的医术，还创立了“同仁堂”。此后，同仁堂随着中国的历史，经历了 350 年的风雨，无论是太平盛世，还是战火纷飞的时代，“同仁堂”都一直生生不息。而如今，“同仁堂”经历几次经济体制的转变，已经成为中国医药界的一块“金字招牌”。

那么，“同仁堂”的“金字招牌”为什么能够越擦越亮？“同仁堂”长盛不衰、声名远扬的秘诀又在何处呢？

同仁堂集团公司党委书记田大方在接受采访时说的一段话正是这个问题的答案，他说：“同仁堂之所以长盛不衰，并不断发展壮大，很重要的一条原因是：同仁堂能一以贯之地坚持诚信为本的药德思想，并随着时代的发展，不断融入新的内涵。”

众所周知，同仁堂的堂训就是：同修仁德，亲和敬业，共献仁术，济世养生。300 年来，同仁堂人都奉堂训为圭臬，从而取得成功。同仁堂的诚信首先就表现在产品的质量上，无论是过去的手工作坊，还是今天的大规模生产，同仁堂始终如一地将质量作为自己生存的命脉。可以说，在同仁堂的生产车间里，每一种药材都是经过一根根、一颗颗精心挑选的。而在制造的过程中，更是坚守诚实守信作为最高准则，使所药品都以最高标准售出。

同仁堂不仅重视产品的质量，在经营中更是坚持“以义为上，义利共生”的原则。自古以来，同仁堂都坚持“道、义”二字，始终把顾客的需要和满意放在首位。至今，同仁堂仍然坚持本小利微，甚至做着赔钱的代客加工、邮寄、送药等工作。

1998 年，一位广州顾客来电话要买 5 公斤的铁落花急用，因为这种药平时用量很少，同仁堂也没有这么多。但是销售人员马上联系市内的其他批发部，联系了好几家之后，终于将顾客所需要的药凑齐了。当那位顾客来到北京拿药时，才知道仅仅 10 元的药，竟让同仁堂费了如此大的精力。

同仁堂正是凭着这种诚信服务，取得社会效益，增加了自己的客源，成为中国医药界的“金字招牌”。

看完同仁堂的故事，相信很多人都想到了同一句话：在市场经济条件下，诚信就是企业的最好广告。作为一个企业，只要在生产中，将诚信作为自己的理念，并在生产过程中时刻贯彻执行，就一定能够赢得消费者的信赖，赢得最好的口碑。而消费者的信赖和口碑就是最好的广告。

但在企业竞争日益激烈的今天，我们不得不承认，许多企业背离了这一原则，假冒伪劣的产品充斥着人们生活的每一个方面。从短时间来看，这些企业或许赢得了一定的利润。然而这种背信弃义的企业终究给自己做了一个失败的广告，终将一步步走向失败。

4 商场拼搏中，诚信助你占领不败之地

诚信是一个古老的话题，自古以来，古代圣贤莫不推崇诚信，孔子认为“民无信不立”，孟子认为“至诚而不动者，未之有也；不诚，未有能动者也。”墨子也认为：“言不信者行不果……”

诚信不仅是一个人安身立命之本，也是一个企业、一个民族能屹立不倒的根基。俗语说，“商场如战场”，在当前社会，市场的竞争已进入到白热化的状态。无论是哪种行业，都出现了“群雄逐鹿”的现象，各大行业中的品牌冲击着市场，价格硝烟弥漫。在这种情况下，究竟哪个企业能笑到最后呢？

拨开层层迷雾，我们不难发现，能经受得起竞争考验，并在最后关头取胜的企业，一定是那些拥有良好口碑的企业，这主要是因为他们能够将诚信作为企业的文化理念，保证产品质量、诚信经营，自然而然将就会赢得消费者、赢得市场、赢得竞争。

在国内视听产品市场，行业大洗牌的冲击一波未平一波又起，“剩者为王”已经成为行业的主基调。然而在各大品牌纷纷倒下之时，仍有一家企业在脚踏实地地步步登高，这就是广州步步高电子工业有限公司。

在深圳顺电、国美、沃尔玛、苏宁、佳华、永乐和茂业等大型商场，最受消费者欢迎的产品就是步步高，它的销售额在同类产品中名列前茅。对此，销售人员认为，步步高电子工业有限公司从一个白手起家的小厂，逐渐成长为最受中国人欢迎的品牌，是和步步高的诚信经营分不开的。

步步高从一开，就将“诚实、本分”作为企业的经营理念，既为商业伙伴提供公平合理、对等互利的合作平台，又为消费者创造卓越的产品，并提供优质的服务。步步高老总在谈到这一问题的时候说：“信誉是本分。步步高最重要的思想就是本分，公

司的很多决策都是根据本分来做的,避免去搞一些投机取巧、有损企业信誉的事。这样,我们可能会失去一些眼前的利益,但是对企业长远的发展有好处。"

就在很多企业远景规划进入五百强的时候,步步高却一直在踏踏实实地发展。老总认为,步步高的远景很简单,那就是成为更健康、更长久的企业。在企业的观念中,他要求用"五心"(诚心、耐心、爱心、进取心和责任心)来打造"五星级"企业。

步步高自从创业伊始,就把"高品质"和"让用户完全满意"作为企业不懈追求的战略目标。早在公司成立不久,步步高的三大系列产品就通过了 ISO 国际质量体系认证。而如今,步步高的所有产品都在以高势头进军国内、国际市场。

竞争风暴一浪高过一浪,然而步步高电子有限公司却能经受住考验,并一步步地成长起来,这主要取决于步步高的"诚信"经营理念。的确,在竞争日益激烈的环境下,一个企业要想处于不败之地,唯一的选择便是诚信经营。而那些只为眼前利益抛弃诚信的企业,势必会得到消费者的抵制,从而丧失市场,在竞争中被逐渐淘汰。

最近几年,房地产行业迅速发展。然而提起房地产行业,也许会有很多人痛恨,因为房地产这个行业整体信誉度偏低,房地产广告成为最让人们痛恨的虚假广告,经常被评为虚假广告排行之首。

纵然如此,房地产行业依然如火如荼,竞争非常激烈。在众多的房地产公司中,就有这样一个神奇的企业——大连万达集团。大连万达集团经营 20 余年来,一直将诚信作为核心价值观。创业的初期就明确提出"老实做人,精明做事",并在实践中不断地提升这一理念。

上世纪末,万达开发北京街小区时,由于当时房地产完全是卖方市场,对于房屋的销售面积并没有做严格的要求,比如说一套 58 平的房子都被开发商当做 60 平的房子来卖,这样一来,开发商就能获得巨额的利润。然而万达集团并没有像其他开发商那样，而是严格按照图纸面积来卖。另外，万达集团也十分注重交房的日期，经营 20 多年来，万达集团的楼盘没有一个误期交房。

万达集团凭着自己的诚信，征服了消费者，征服了市场，从而在竞争中处于不败之地。

可见，对于一个企业来说，诚信就是企业的生命。拥有了诚信，企业就能在市场经济大潮中站得稳，站得久；相反，一个企业如果丧失了诚信，就会被市场淘汰，无法在市场上立足。

5 以义制利，义利结合

“义”是中国传统价值范畴之一，韩愈在《原道》中解释曰：“行而宜之之谓义。”可见，义也就是指思想和行为要符合一定的道德标准。自古以来，中国圣贤一致推崇“以义生利”，认为应该坚守“义利结合”，做到“见利思义”，反对“见利忘义”。

古人所说的“以义生利”主要是指行义也能产生利，义、利二者相互依存，经常相伴而来。因此，对于一个企业来说，必须在谋求自身发展的同时，还应该承担社会责任，积德行善，多行义举。表面上来看，这些行为不但不能给公司带来利润，还要付出一定的额外费用，似乎没有“利”可言。但是从长远来看，这种行为有助于企业树立良好的信誉和形象，极大地提高知名度，为企业的发展创造了一个良好的外部环境，从而带动企业的迅速发展。

或许很多人会充满疑问，他们认为企业的经营目标是赚得利润，在经营伦理则是追求道德规范，在经营目标和道德伦理之间不但没有必然联系，甚至是相互矛盾、水火不相容的。其实，这不过是很多企业家尚未看透其中的奥妙。在当今时代，如果企业只是以利润为追求的目标，而置道德伦理于不顾，那么它的经营活动必然会为社会所不允许，注定要被社会淘汰。因此作为一个优秀的企业家，在“利润”面前必须坚守“义”，时刻做到“以义制利、义利结合”。

浙江省椒江市东港企业公司的总经理王云友，出于对博士生的同情和为国分忧的赤诚，从1992年开始，每年拿出35万元设立“东港助学金”，用此资助北大、清华等高校的贫困博士生。王云友的这一行为在社会上引起了巨大的反应，尤其是教育界、企业界的人纷纷对王云友这一做法感到敬佩。他的这一做法同样也为东港公司赢得了尊重知识、尊重人才的口碑。

俗话说，“滴水之恩当涌泉相报”，曾经有一个受东港资助的博士生为了报答王云友和他的企业，便利用课余时间、寒暑假期为公司解决技术难题、开发新产品，其中的一项小发明投入生产后竟然为东港赚取了几百万元的利润。

东港公司能够坚守“义利相结合”，及时地回报社会、积极的承担责任，虽然从眼前来看，他的这一行为增加了公司的负担。然而也正是因为如此，东港公司才获得了社会各界人士的尊重，以及博士生的资源帮助，从而带动了公司的迅速发展。可见，行义举一样可以有利润。

创建于清朝康熙八年的北京同仁堂是中药行业闻名遐迩的老字号，300年来，同仁堂始终坚持“以义为上，义利共生”的经营理念和“同修仁德，济世养生”的企业精神。

2003年，“非典”肆虐期间，各大制药公司大发国难财，药品的价格一涨再涨。在这种情况下，同仁堂向社会承诺，坚持药品价格不上调，并加班加点尽量保证药品的供应。

在“非典”肆虐的关键时刻，为了解决人们买药难、煎药难的问题，同仁堂向国家有关部门申报批准，启动了成药生产设备，按照中药专家的预防非典型肺炎的中药方代煎中药并进行包装。整个非典期间，同仁堂采取一切积极的措施，保证货源充足，满足市场上对药品的需求。

而同仁堂的这一次“义举”也为同仁堂带来了更多的顾客和更好的信誉，为它能够不断发展壮大进一步夯实了基础。

同仁堂之所以能够历经300年而不衰，拥有一个“金字招牌”，关键在于同仁堂能够坚持“以义为上，义利共生”的经营理念，遵守企业经营的道德伦理，时刻把社会责任放在首位，坚持“义利结合”。

“见利思义”为现代企业正确的经营指明了方向。在市场经济条件下，企业的经营目的虽然是利润，但也必须受“义”的约束。企业的经营者在坚守诚信经商、货真价实、信誉至上的基础上，还必须肩负起社会责任，处处维护公共利益。如果企业在经营活动中，唯利是图、见利忘义、为富不仁，甚至为了获得企业的利润不择手段，其结果必然是被社会所不容，最终也将被市场淘汰。

南京冠生园是一个70多年的老品牌，它像全国各地的冠生园企业一样，伴随着许多人走过美好的历史回忆。1918年广东人冼冠生在上海创立了第一家冠生园，最初只是经营粤式茶食、蜜饯和糖果，1925年在南京开设分店。

冠生园的南京分店经过多年的发展，已经从一个中小型企业发展为南京市政府核定的240家大中型企业之一。最值得骄傲的是，在竞争激烈的月饼市场，南京冠生园已经成为月饼品牌中的领头羊，深受消费者的欢迎。到2000年时，南京的冠生园已经成为一个名副其实的全国性品牌。

然而意想不到的事情发生了，2001年中秋节前后，南京冠生园用陈馅翻炒后再制成月饼的事件被曝光。在电视中，观众发现：卖不出去的月饼被拉回厂里，刮皮去馅、搅拌、炒制入库冷藏，来年重新出库解冻搅拌，再送上月饼生产线。一时之间，举国哗然，各界人士痛斥冠生园的不诚信做法。而老字号的冠生园月饼顿时无人问津。

事件被曝光之后，南京冠生园食品有限公司陷入了困境，销售额很快下降。2002年，最终因为“经营不善、管理混乱、资不抵债”向法院申请了破产。

原本是中国一个老字号企业，只因为贪图企业自身的利益，无视公共利益，用陈年老馅做月饼，从而致使名誉扫地，企业被迫走上了倒闭破产的道路。

6　严格履行企业的承诺

承诺是一个略带沉重的字眼，但是如果兑现了，也将为你带来无尽的收获。企业当然也是一样，该自己负起的责任，一定要敢于担当。

有这么一则故事，一直让我记忆犹新：

在国外，有一家小农场，由于经营不善，最终一步步走向了倒闭。倒闭之后，这位农场主欠下了许多债务，然而农场主向所有的债主承诺道：我一定会将所有的债务还给你们的。然而一直等到农场主临终的时候，他也没有将欠下的债务还清。

于是，在临死之前，农场主将儿子叫到身边，叮嘱道：你一定要把我还没有还清的这些债还给那些人。其实按照当地的法律来说，这些债务将不用还了，因为农场早已破产，而且农场主也已经去世。但是守信誉的儿子，为了实现父亲的遗愿，自己到外地打工，甚至去卖血。几年之后，终于将父亲欠下的所有债务还清了。

每次读到这个故事，我都会被农场主及他儿子的行为深深感动。一直以来我们都知道，许愿容易守愿难。在我们的现实生活中，各式各样的承诺举不胜举，然而又有几个人能够真正地做到履行承诺呢？

自古以来，中国人就讲究“一言既出，驷马难追”、“轻诺者必挂信”等。即便是在今天，承诺依然没有因任何原因而变轻，依然沉重地压在人们的心中。承诺是一种誓言的遵守，不仅是每一个人要遵守的道德规则，更是一个企业要履行的义务。

遵守诺言、讲究诚信是一个企业的试金石。它不仅能反映一个企业的文化理念、整体素质，还会影响到企业的前途。然而，在当前市场经济条件下，为了追求高额的利润，许多企业公司还是频频做出很多诱人的广告，有厂家直销的、有质量承诺保证的、甚至无效退款等，为了吸引消费者的目光，企业的经营者轻易地许下诺言。

四年以前，国内著名的软件公司科利华推出了“家庭电脑”

教师学习软件，并以“还本销售”的方式诱导消费者购买。

在科利华公司的承诺下，很多消费者抱着试试看的心理购买了它的学习软件。小华就是其中的一位消费者，他在读高一的时候正好遇到了科利华公司的宣传，科利华公司向小华承诺：只要用了这个软件，就保证能考上大学。

经不住大学的诱惑，小华终于以1800元的价格购买了这种软件，心想反正考不上的话还可以退钱，觉得自己也没什么损失。三年之后，小华高考落榜了，他要求科利华公司退款的时候，却被公司一推再推，等了一年半也没有结果。

没有如期拿到退款的不只是小华一个，无奈之下，这些人将科利华公司告上了法庭。

原本是一个知名的、信用度很高的公司，却因为无法履行公司曾经做出的承诺，最终不得不充当了被告的角色。企业承诺是一种组织承诺，也是一种公共承诺，既然已经许下了诺言，就要一诺千金，不论公司有什么困难，都应该履行诺言。否则，公司一旦失信于消费者，不仅会影响企业的信誉，还会影响到公司的命运，严重的甚至可以导致公司无法在市场上立足。

艾梅斯州长曾经是铁锹的生产商，他公司生产出的铁锹以他的名字命名，“艾梅斯”铁锹远销世界各地，人们纷纷主动上门订货。

为什么“艾梅斯”铁锹有如此大的吸引力呢？这主要和艾梅斯的诚信有关。艾梅斯曾经向世人作出过一个承诺：铁锹的价格20年保证不变，无论遇到什么样的问题，只要是“艾梅斯”铁锹，它的价格就不会改变。20年中，市场价格不断变动，但是艾梅斯却坚持履行他所许下的诺言，赢得世人的尊重。而他所经营的“艾梅斯”铁锹在美国的西部甚至被作为货币使用，有人还曾经用“艾梅斯”铁锹来偿还债务。

“艾梅斯”铁锹不仅保证了20年的价格不变，还一直坚守它良好的质量。所以，“艾梅斯”铁锹还以做工精细、持久耐用等特点闻名于世。

艾梅斯为此成了一个名人,无论他走到哪里,同行的人也都认识他,他的名字也自然而然地成为了诚信的代名词。

遵守诺言是一条自然法则,这条法则就像万有引力一般,不可违背。如果企业一旦违背了这一法则,就将会受到应有的惩罚,不仅经营受阻,甚至还会被市场淘汰;只有遵守这条法则的企业,才能在市场上立足,才有机会获得更好的经济效益。

7 放远眼光,勿为眼前的小利所迷惑

相信很多人都知道一个成语,叫做“鼠目寸光”,说的就是人的目光短浅,看得不够长远,结果到头来总是要吃大亏。做人如此,做企业更是如此,有时候眼前的利益虽然诱人,但却不是长久之计。在一节企业管理课的课堂上,老师给学生讲了一个关于两只蚊子的故事:

有两只饿了很久的蚊子,他们在村庄里转了很久,终于在一棵老槐树底下发现一个正在乘凉的胖子。那个胖子光着上身坐在大树底下,手里拿着一把很大的蒲扇在摇晃。由于当时的天气特别热,胖子全神贯注地摇着蒲扇,根本没有注意到身边的蚊子。

看到这一切,两只蚊子非常高兴,因为它们终于可以饱餐一顿了。于是两只蚊子就开始琢磨从哪里下口呢?

第一只蚊子围着胖子飞了几圈,发现胖子的肚皮又嫩又薄,认为这里是最佳的地方;第二只蚊子同样也绕着胖子飞了几圈,但是它觉得肚皮太危险了,不如选择后背,虽然难一点,但安全系数绝对高。

于是,两只蚊子按照自己的想法落在了胖子的身上。第一只蚊子落在了胖子的肚皮上,正如它所想的,这里又薄又嫩;第二只蚊子则落到了后背上,那里的确非常难以下口,第二只蚊子

连续顶了三下才叮上去。

这时,胖子突然感到了一阵痒,低头一看,原来是一只大蚊子,他一挥蒲扇,第一只蚊子就丧命了。打死第一只蚊子之后,胖子觉得后背也很痒,无奈打也打不着,用蒲扇扇了几下也没用,于是第二只蚊子不慌不忙地吃饱后飞走了。

两只境况相同的蚊子,第一只因为贪图轻松丧失了性命,第二只蚊子表面上放弃了轻松,选择了难以下口的后背,但却得以逃过一劫,而且还美美地饱餐了一顿。显而易见,在很多时候,能够轻松获得的利益不一定是美餐,很可能暗藏着许多危机。尤其是在企业的发展过程中,各种困难和矛盾是必然存在的,如果被眼前的蝇头小利所迷惑,势必会像第一只蚊子那样,遇到生命危险。

也许会有人说,对于一个企业来说,获得利润才是经营的最直接目标,因此,无论是眼前的小利、还是长远的利益都要尽量地把握。然而,作为一个企业经营者,我们更应该考虑到公司的发展前途,如果只顾眼前的小利,必然会影响公司的发展前途。

曾经有位年轻人向一位成功的企业家请教成功之道。企业家拿出了大小不等的三块西瓜,问青年人:“如果每一块西瓜都代表一定程度的利益,你会选择哪一块儿?”年轻人毫不犹豫地回答道:“当然是最大的那一块。”企业家笑道:“好,请用吧。”企业家把最大的那块西瓜给了年轻人,自己则拿起最小的一块儿吃了起来。

很快,企业家的西瓜就吃完了,接着他拿起桌子上的第二块西瓜开始吃,在吃之前,他拿着西瓜在年轻人面前晃了晃。

年轻人顿时明白了企业家的意思,虽然企业家吃的每一块西瓜都比自己的小,然而把企业家吃的西瓜加起来之后,却远远多于自己吃的西瓜。正如企业家所说,如果每一块西瓜都代表一定的利益,那么企业家所获得的利益要远远高于年轻人的利益。

在市场经济中,每个企业在发展的过程中,都不是一帆风顺的,各种矛盾应接不暇。有的企业经营者在利益面前,能够保持清醒的头脑,始终以产品的质量为重,不做有损消费者的事情,时刻维护公司的信誉和形象;也有的经营者禁不住眼前利润的迷惑,置公司的信誉和形象于不顾,甚至有的企业为了得到眼前的利益而不择手段。

这些企业到最后往往都会应了中国的那句老话“贪小便宜吃大亏”,或者说“丢了西瓜拣芝麻”,因此,当利益摆在眼前时,企业的领导者一定要看清这个利益究竟该不该争取。

孟先生拥有一家规模很大的公司,在公司的发展中,孟先生始终坚持诚信,不为眼前的小利迷惑,他始终把诚信作为公司经营的理念。

一天,孟先生正在询问一种新款商品的销售情况,一位销售人员告诉他,由于商品设计得并不是太好,所以质量也不是特别好。

正在这时,一位从外国来的商人找到了孟先生,说希望订一批新商品的货。外国来的商人刚刚说完,那位销售人员就把那批有质量问题的货物介绍给了商人,商人看到后非常满意,马上决定订一批货。

这时,孟先生反而告诉那位商人,不要着急订货,可以先看看货物的质量和样式。当他们一同来到仓库后,孟先生将货物的设计和质量问题一一告诉了那位商人。

商人虽然没有订到货,但是依然被孟先生的品质所感动,他当场决定和孟先生建立长期的合作关系,决定以后的货物都从孟先生公司订购。

商人走后,孟先生让那位销售人员去财务室结账回家了。

面对眼前的利益,孟先生能够坚守诚信,向商人坦诚商品存在的问题。表面上看来,孟先生失去了利益,甚至会因为那批货物而赔掉一些钱,但是从长远来看,正是由于孟先生的诚信态度,才和那位商人建立了长久的合作关系。同时也为自己公司赢得了信誉,为公司以后的发展铺平了道路。

8 领导，以诚信表率示人

早在2002年，《时代》杂志就做过一项民意测验，测试的结果表明：71%的人认为企业高层管理的诚实程度与普通人比起来，还要低一些；在面对一些知名企业的CEO的道德评估中，72%的人认为他们的道德水平一般，甚至还有的人不尽人意。

不仅如此，就连华尔街欧洲期刊的调查也表明：在欧洲，仅有21%的投资者认为企业的领导是正直可信的。

面对这些惊人的数字，我们不禁惊叹，诚信何在？尤其是作为一个企业的领导，他们的诚信到底在什么地方？

放眼看看我们身边的社会，诚信日益丧失，各种企业丑闻充斥在我们的身边，面对媒体的曝光，我们发现多少曾经知名的企业家却越过了道德规范，忽视了诚信的存在。于是，在商界出现了安然、世通、三鹿奶粉等骇人惊闻的事件。

作为一个企业的领导，必须时刻用诚信来规范自己。因为他的一言一行都会影响到企业员工的行为，企业家只有带头讲诚信，才能为员工树立良好的榜样，才能共建出讲诚信的企业。

一般来说，只有出色的领导，才能树立良好的道德观；否则如果领导言而无信，势必会影响到员工的整体素质，进而影响到整个企业的价值观。现代社会，企业的竞争是多方面的，其中撒谎和做假往往是企业最薄弱的一环，而它也是最重要的一环。无论你的职位有多高，哪怕只是一次微不足道的不诚信也会受到解雇的惩罚。

在一家著名的跨国公司，有一个业务人员，工作能力很强，深受领导的重视。一次，领导派其出差，回到公司之后，他拿着出租车发票去公司报销，因为当时的发票还都是手写的，利益熏心的他就私下将40元的车票改为140元。

在报销的过程中，这张假发票被财务人员看出了破绽，于是，这名财务人员将此事告诉了上级经理。面对经理的疑问，这位业务人员只好承认了自己的事情，但是他仍然认为这只是一件小事，区区的100元不算什么，更何况自己还是公司的业务精英，有着极高的能力，以为只不过被经理批评几句而已。

然而，经理认为这不仅是100元的问题，这是一个非常严重的不诚信问题。于是，决定严肃处理。没想到，接到处罚后，这位业务人员不但没有悔改的意思，反而找到经理理论说："您凭什么只处罚我？我们部门的主管经常这样写假发票，要不是看见他这样做，我能有这个胆子吗？"听了这位业务人员的话，经理恍然大悟，原来问题的根源竟在领导。

或许很多人也在想，这只是自己的问题，和领导不领导有多大关系呢？但是千万不要忽略一个事实——上行下效。作为一个部门主管，如果像他这样被利益迷惑，做出不诚信的事，今天他对公司不诚信，明天就有可能对消费者不诚信；重要的是，作为一个领导，不能以身作则，还怎么能要求自己的下属讲究诚信呢？这样一来，底下的员工也会效仿主管。如此恶性循环下去，整个公司的信誉就会因此而毁掉，甚至公司的前途也将毁于一旦。

在今天，诚信已经成为企业的安身立命之本，是企业永久生存的灵魂。然而，市场上又不乏忽视诚信建设的企业，像我们熟知的三鹿奶粉、冠生园等企业，正是因为领导忽视了自身和企业的诚信建设，才阻碍了企业的可持续发展，致使企业破产倒闭。

在温州有这样一位道德商人，他认为：一个人的发展可以依靠三种力量——才能力量、经济力量和道德力量，而一个人特别是企业家的成功，主要依靠的还是道德力量。

这位道德企业家就是中国精达电器集团公司董事长李振泽。对于温州低压电器行业来说，李振泽领导的精达集团公司已经成为同行业的"领头羊"和"老大哥"。从公司起步至今，李振泽领导着企业一步步走向全国。在李振泽这位训练有素的董事长领导下，精达集团公司时刻坚守诚信，凭着企业和个人的魅力，争取到了一个个项目，赢得了一个个客户。

“品牌为旗，质量第一”一直是他们所坚守的原则，也是企业一直稳健发展的基础。在精达创业初期的时候，李振泽就明白信誉是企业的灵魂，质量是企业的生命。和许多企业一样，精达集团在创业之初也经历了挫折和风雨。

当年，精达集团还只是精达开关厂的时候，李振泽和员工通过艰苦的拼搏，终于生产出了第一批小型断路器。然而，在检验的时候，却发现绝大部分产品不合格，为此厂里召开股东大会。有人认为，这部分产品可以低价出售，而低价出售也有销路；也有人认为这批产品还是要报废，尽管会损失30多万。李振泽经过反复考虑，还是决定将所有的产品报废。

当时，温州假冒成风，伪劣产品充斥市场，很多企业家为了眼前的利益，以次充好、以假充真蒙骗客户，致使很多客户挂起“拒绝温州产品”的牌子。而李振泽却没有随波逐流，严把质量关，从而也为公司的发展开创了新的天地。

作为一个企业家、一位公司的领导理当如此，试想之，如果公司的领导都见利忘义、不讲诚信，那如何才能保证企业的员工的诚信呢？有人做过一个非常精准的比喻：企业中的领导者就好比是乐队指挥，而他的作用就是通过演奏家的共同努力而形成一种和谐的声调和正确的节奏。乐队指挥的才能不同，乐队也会做出不同的反应。如果指挥道德素质偏低，那么整个乐队也会走向失败。

9 构建一个诚信的大环境

诚信是企业的一种行为模式、价值操守和文化信念。对于一个企业来说，诚信不是单方面的，更多地体现在企业和员工之间、企业和消费者之间，只有各方都坚守诚信，才能共建一个诚信的大环境。

这个大环境的构建首先要建立在企业和员工相互信任的基础之上。

员工和企业是一个共同体，公司是员工的船，是其驰骋海洋的载体，而员工则是公司发展的基础。所以，员工和企业之间的诚信是双向的，员工对企业诚信是实现整体诚信的前提条件，企业对员工的诚信是实现双向诚信的重要保证。只有两者相互讲诚信，才能实现全面的诚信。

一般来说，企业和员工之间只有真诚相待、相互忠诚，才能提高企业员工之间的安全度、信用度、忠诚度、敬业度和满意度，才能增强企业的亲和力、内聚力和向心力。也只有如此，企业和员工才能获得彼此利益最大的双赢结果，实现员工和企业的和谐共融。

和谐共融的诚信环境必须依靠企业和员工的共同努力才能实现。对于企业来说，必须不断地提升员工的满意度，包括从薪酬、培训、体制、文化等。只有让员工充分地感到安全可靠，才能够抓住员工的心，才能吸引人才、留住人才，从而为员工树立榜样，培养员工诚信。

某企业招了一批员工，经过体检、业务培训、军训等程序之后，分配到单位上班。但是为了员工能够适应工作而不随便跳槽，在给新员工发放劳动保护品时让其缴纳一定数量的押金。

对此，很多员工议论纷纷，很多人表示，这是公司不相信人的表现，他们一致认为，既然公司如此不相信他人，那么公司本身也一定没有诚信可言，口头答应的各种待遇也不一定能够兑现。我们作为员工更没必要将自己的全部精力奉献给公司，正所谓是："人当我是人，我当人是神。"既然人家如此不尊重自己，自己就完全没必要忠诚于公司。还有一部分员工当场决定离去。

面对员工离去的背影，我们是否明白了其中的含义？的确，企业是员工发展的载体，同样企业的发展也离不开员工的努力，企业对员工只有在生活上给予关心、工作上给予关爱、待遇上给予提升，并为其创造优越的工作环境，而不是一味地要求员工对企业讲诚信，才能最终留住优秀的员工。类似于这样的事例很多，在金融海啸席卷全球之际，企业面临着巨大的困境，员工人心浮动、市场波动、利润效益急剧下滑，在这种情况下，很多知名企业做出了"宁减高管人员，也不裁员、不减薪、不少待遇"的承诺。

在情况如此艰难之时，企业还能够信守诺言，这样的暖心之举，自然会赢得员工的信任。即便是以后企业面临什么样的困难，相信员工也会和企业坚守在一起，共同努力、共创辉煌。

当然，作为一个企业的员工，也需要从自身做起，坚守诚信，时刻保持清醒的头脑，依靠个人的努力、端正的心态、正确的价值观和较高的素质修养，从根本上忠诚于自己所在的公司，并为了公司的发展积极地投身、奉献。

另外，作为一个企业，除了要讲究内部诚信，还要有良好的外部诚信。内部诚信也就是像上面所说的公司和员工之间的诚信，而外部诚信则是指公司和消费者之间的诚信。对于一个企业来说，诚信不仅仅是一种呼唤顾客的因素，也是企业中的一种重要的生产要素，是企业在劲烈的竞争中，创造长期价值、占据竞争高地的不二法门。

但在当前市场经济条件下，企业的诚信问题层出不穷，例如：敢吹敢夸要顾客、技术陷阱骗顾客、浑水摸鱼坑顾客、半遮半掩卖顾客。只要我们稍作留意就不难发现，在当今社会上，很多企业都走上了不诚信的道路。比如说：电信行业将“国际惯例”作为自己的摇钱树；汽车经销商为赢得眼前利益，往往以次充好、信口雌黄；有的甚至利用技术陷阱蒙骗消费者。

种种的不诚信现象只是自欺欺人的小聪明，企业的经营永远不能只靠一时的小聪明谋得，而必须要靠诚信双赢的大智慧。对于企业诚信，原小天鹅集团的柴建新总裁说过：“信用不可逆转，同时间一样，失去了就再也不好挽回。”

因此，一个企业要真正建立起外部诚信，得到消费者的认可，就必须从长期坚持，从自身做起。正可谓是：“诚信，失去是顷刻间的灰飞烟灭，得来却是冰冻三尺非一日之寒。”无论何时何地，企业都必须对消费者坦诚相见，必须保证产品的质量，信守诺言，保证较好的售后服务。

第八章　人人都做诚信员工

诚信是中华民族的传统美德，是大自然赐予人类的宝贵财富。尤其是在当前的市场经济条件下，诚信是一种职业生存方式。只有人人都具备了诚信，才能赢得事业的辉煌！

1 理念上倡导“诚信”

从传统意义上来讲，诚信是一个人的可靠程度和可信任度，是一个人人品的最核心部分。尤其是在当前市场经济条件下，诚信是市场经济的基石、企业发展的扬风之帆，更是个人立足社会的前提条件。

想要成为一个诚信的员工，首先就要在理念上倡导诚信。员工只有在理念上坚守诚信，时刻以诚信要求自己，才能在工作中尽心尽力，把公司的工作作为自己的事业来奋斗，才能在公司谋求一席立足之地。

在现代职场生活中，员工的诚信理念实际上就是一个体系，形式多种多样，例如：树立高度的责任感、尊重科学、保证质量、树立安全意识等。

高度的责任感是每个“诚信”员工共有的特质。对于企业来说，员工高度的责任感可以保证企业的信誉，从而保证企业的竞争力；而对于个人来说，只有将诚信作为工作的理念、人生的信条，才能在工作上一丝不苟、认真负责；相反，如果不讲诚信也就失去了责任感，就无法全身心地投入工作，就无法创造良好的业绩，也就无法在公司立足。所以，只有时刻牢记诚信二字的员工，才能有资格在企业中担当重任。

在一家知名医院的手术室中，一位年轻的实习护士站在医生身边，看着医生有条不紊地进行手术，就在缝伤口的时候，护士大声对医生说：“大夫，您取出了十二块纱布，而我们用了十三块纱布。”医生断言：“我都已经取出来了，现在开始缝伤口。”护士坚持说：“您现在不能缝伤口，还有一块纱布没有取出来，我们得实事求是。现在所有的纱布都在这，只有十二块，所以一定还有一块纱布在病人的体内。”这时，大夫微微一笑，将他的手缓缓地伸到护士面前，手心中放着的正是第十三块纱布。

手术结束之后，大夫对护士笑道：“你的实习期通过了，你已经是一名合格的护士了。”

这显然是对实习护士的一次考验，这位女护士正是由于自己高度的责任感和必须忠诚于病人的态度征服了大夫，成为了一名合格的、正式的护士。反之，若是护士缺少责任感，在工作中马马虎虎，必然会给病人带了危害，从而降低医院的信任度，同样也会影响到自己的发展。一个将诚信作为工作理念的员工，时时刻刻都在考虑如何将工作做得更好，如何才能维护企业的利益，只有这样的员工，才能得到上司的青睐、领导的重任，才能获得成功，成就自己事业的辉煌。

一个讲究诚信的员工，不仅要具有高度的责任感，还必须注重工作的质量，时刻把工作的质量放在首位，确保自己和企业的信誉和形象。

提起茅台酒大家都不会陌生，对于消费者来说，茅台是一个家喻户晓的高端优质白酒；对于世界来说，茅台是中国的一张名片。茅台之所以在国际社会和国际市场上享有较高的知名度，其根源在于自身的信誉、百年不变的优异质量。

有一次，一位记者采访茅台集团董事长季克良："请问茅台集团能够享誉世界的秘诀是什么？"

季克良笑着说："没有任何秘诀。但我可以说一个事实，我大学毕业到茅台工作已经40多年了，几十年来倾注心血最多的一件事就是确保茅台酒的质量。公司里的每一个员工都时刻把质量做为一个重要理念，为的就是保证酒的质量。市场经济是信用经济，在信用经济条件下，质量为天，诚信当先。"

从茅台集团董事长季克良的谈话中，我们不难发现，一个企业要想在市场经济的竞争中处于不败之地，就必须以质量为保证，讲究诚信。而对于员工来说，只有时刻将"质量"二字放入心中，共同协作，才是对消费者诚信，才能为公司取得效益，进而登上自己的事业高峰。

然而在现实生活中，很多人只是把诚信片面地理解为"言出必行"，在工作中漫不经心，对于领导布置的工作敷衍了事，其实这种敷衍实际上同样也是不诚信的表现。

小李毕业于北京某名牌大学，由于成绩优异，毕业之后，顺利地进入一家大型企业的财务部工作。在财务部门中，由于小李是唯一一个名牌大学出身的高材生，大家对他都很尊重。在这种环境下，小李的思想一步步发生了变化，最初的兢兢业业，变成了敷衍了事。他一直认为自己是唯一一个名牌大学毕业生，工作中只要随便做做就可以了。

一次，领导让小李凭证录入原始材料明细账。小李认为这个工作再简单不过了，不就是将数字抄一下就可以了，只要用一天时间就可以搞定了。于是，小李开始漫不经心地工作，并且一边工作，一边抱怨，认为自己是大材小用。

做完之后，小李甚至都没复核一遍就将账目交给了主管，主管只看了十分钟，就脸色沉重地对他说，“这个账目有问题，和总账对不上，你自己回去再检查一下。”

小李不相信地拿着账目回去复核，他大致看了一下自己的账目，觉得没什么错误，可能是总账出了错误，于是小李很自信地找主管理论。无奈之下，主管只好亲自检查，不到五分钟就找到了小李所做账目中的错误，原来是把一个小数点弄错了。

主管语重心长地对小李说：“小伙子，你很聪明，但是你心浮气躁，对工作敷衍了事，连这么简单的工作都出问题。不要以为这只是一时马虎，其实这同样是一种有悖诚信的做法，因为你接受了一项工作，却没想把它做好，而是漫不经心地混。作为员工，还有什么比这更不讲诚信吗？这次的错误如果我没有发现，将会给公司造成极大的损失，希望你以此为鉴，将来无论在哪工作，都要时刻将工作质量放在自己的心中，把诚信作为一种理念融入到生命中。”

两天之后，小李收到了人事部的辞退信。

一个名牌大学生，带着无限的优越感进入到工作中，就因为一个小数点，丢掉了自己的前程，不禁令人惋惜。可在惋惜之余，我们又能吸取到什么？

2　技术上展示“诚信”

在职场生活中，每一个人都希望自己成为不可替代的人，都希望在自己的岗位上不断地增值，成为一个专家。相信很多人初涉职场的时候，都发誓要做一个优秀的员工，报答老板的知遇之恩，展示自己的才华。

在职场的道路上，诚信一路相伴，给我们指点迷津。拥有了诚信，我们才能在公司安身，拥有了诚信我们才能在职场的道路上一帆风顺，拥有了诚信我们才能最终达到胜利的彼岸。“诚信”一词说起来极为简单，却渗透在工作中的方方面面，我们不仅要时刻牢记，更要用自己的行动去实践；所以只有不安于现状，积极进取，不断在技术上提高自己，才能更好地为公司做出贡献，实践自己的诚信，最终登上事业的高峰。试想之，一个人如果没有很好的技术，不能随着时代的发展不断地充实自己，势必会被社会淘汰，那么，这样的人还拿什么资本来谈工作诚信呢？

张强原本是某汽车公司的一名装配工人。然而这个部门马上就要实行“全面自动化”，不再需要人力。为此，很多人感到恼火，他们原本都对企业抱着一颗忠心，处处为企业着想，甚至打算为企业奋斗终身，然而现在却面临这样的处境。其实，张强和他们一样，早已不再年轻，但是他没有抱怨。

在一切还未成定论之前，张强便利用晚上去学习计算机硬件修护。半年之后，事情已成定论，大量的工人被解雇，换成了机器人。这时，张强找到主管，把自己学习计算机硬件修护的事情告诉了他，并说：“公司有可能需要一个人，来保证这些机器人的最佳状态。如果这个人不单单懂得计算机硬件修护，更熟悉装配工作的情形和注意事项，岂不是更好。”张强的一席谈话，让主管不得不认同他，之后主管向领导推荐了张强。

原本是一次失业的危机，张强通过自身的学习，不但保住了工作,还升值加薪,成为一名职业的硬件维护工程师。

在职场工作中,我们经常会遇到这样的状况,无论你毕业于哪个名牌大学,无论有多么辉煌的历史,随时都会面临着解雇的危险。尤其是在竞争越来越激烈的今天,我们更不可以在自己的岗位上平平庸庸,不思进取。

著名的微软公司在招聘的时候,颇为青睐一些"聪明人",这些人或许不是什么专家,但一定是积极进取的"学习快手"。他们认为,一个能在短时间内,通过自己主动学习、而不依赖公司就能提高自身的人,才是最优秀的人才。

当然在现实职场中,也有很多人满足于自身的现状,认为进入一家公司就获得了一个永久的安身立命场所,从而不思进取,放任自流。殊不知职场竞争是残酷的,职场如逆水行舟,不进则退,唯有不断地进取,将自己的全部精力投入到工作中,才能得到公司的认可,才能成就自己的事业,实现自己的诚信和价值。正如成功学大师罗伯逊所说:**"如果一个人对自己的现状很满意,他就会停滞不前。人当然不应该对自己的命运感到失望和不满,但人永远不应该满足。"**

小刘曾经是一家大型企业的首席信息员。在这之前,他由于工作努力,并在自己的岗位上做出了突出的成绩,第一年便被提拔为策划部经理,第二年被提拔为首席信息员。

当上首席信息员之后,拿着丰厚的待遇,住着公司给提供的豪华住宅,驾驶者公司配的车,小刘的生活一下子跃入富人的行列。

然而,此时小刘的工作热情却一落千丈,他把大部分的时间和精力都放在了享乐上。当别人问起小刘还有什么追求的时候,小刘说:"我能成为首席信息员,应该满足了。公司的CEO是董事长的侄子,我不可能成为CEO,因此,首席信息员已经是顶峰了。"

于是,小刘一如既往,没有一点工作热情。一直持续了将近一年，小刘依然没有一点工作业绩。这时身边的一些好朋友开始善意地提醒小刘，他不但不知错，反而说：“我是这家公司的功臣，老板离不开我，他是不会把我怎么样的。”

的确，小刘是公司的功臣，然而面对小刘的不思进取，领导最终动了换人的念头。

原本是公司的功臣，也没有背叛自己的公司，但是却因为他的不思进取，最终以一份辞退通知书而告终。事实就是这样，在当前社会，人才多得无法计算，不要被以往的功绩所迷惑，如果不思进取，即使你是功臣，即使你很忠心，也一样有失业的可能。

所以，我们得时刻记住一句话：诚信不是用来说的，而是用来做的。所以，作为员工，一定要时刻把进取作为自己前进的动力，及时给自己充电，在技术上不断进步，使自己成为企业中无人可替代的员工，这才是实践诚信的唯一方法。

3　服务上反映“诚信”

诚信渗透在我们生活中的每一个方面，在职场中更是如此。很多员工，都会说自己是如何如何的诚信，说自己的公司时怎样怎样的讲信用。但是诚信不仅仅靠宣传，更要靠体现。正所谓“耳听为虚眼见为实”，只有让人真真实实地看见了，才是最可靠的诚信。那么，企业的诚信通过什么来表现呢？其实最直接的表现就是员工的服务。一般来说，在市场经济条件下，公司的良好信誉很大一部分是通过员工的服务来体现的。只有员工的诚信服务，才能为公司树立良好的口碑，从而为自己赢得发展的舞台。

提到美国的IBM计算机，恐怕没有人不知道，这家公司上市以来迅速发展，并接近百年而不衰，在很大程度上就取决于诚信服务上。

一天，菲尼克斯城的一个用户急需重建多功能数据库的计算机配件。公司得知之后，立刻派一位女职员前往，这位女职员虽然刚进公司不久，但是工作态度极为认真，她深知这次任务的重要，不管遇到任何困难都要按时将计算机配件送到客户的手中。

谁知，途中途中遇到倾盆大雨，河水猛涨，沿途的14座桥被淹没，整个交通阻塞，汽车已无法行驶。按照常理来说，一旦遇到这种特殊情况，女职员完全有充分的理由返回公司。然而这位女职员并没有这么做，她下车徒步前进，用了整整4个小时才到达目的地。

女职员达到客户所在地之后，真诚地向其道歉，说明了来晚了的缘由，并不顾身体的疲惫，及时帮客户解决了难题。

女职员的这一行动深深打动了客户，为此，客户决定以后和IBM公司建立长期的合作关系。公司领导知道这一事件之后，不但表扬了女职员的诚信服务，还给她升职加薪。

这位女职员明明有充分的理由返回公司，但是她却没有这样做。她想到的是既然已经答应客户，就必须做到，虽然这只是一个很小的上门服务，却和公司的信誉息息相关。为此，女职员付出了4个小时的长途跋涉，虽然她弄得自己疲惫不堪，但是却为自己和公司带来了信誉和经济效益。

此类事例在职场生活中屡见不鲜。只有讲究诚信的人，才能走向成功。正如谚语所说："信用乃成功之伴侣"、"信用是无形的资产"、" 信用是最大的资本"等。古人千金买马骨，以此取信天下。而如今，我们生活在职场中的每一个人，只有讲究诚信，才能赢得事业的高峰。

小刘是河南民权葡萄酒厂的一名高级主管，谈及他的工作经历，有一件事让他记忆深刻。那是一年以前，一个上海客户来公司签订了200箱的葡萄酒，公司派小刘和几位同事一同前往送货。然而铁路受阻，200箱的葡萄酒眼看就不能按时送出，这

时，其他的几个同事决定返回公司。而小刘却一再坚持，认为既然签订了合同就一定要“重合同，守信誉”，不能让公司的信誉毁在自己的服务上。

于是，小刘放弃了走铁路的计划，改用集装箱和平板车日夜兼程，终于在规定日期前将酒送到了上海。为此，小刘还自掏腰包，附上了上千元的运费差价。回到公司之后，领导不但没有怪小刘，反而嘉奖了他，认为小刘这一行为，切实维护了公司的信誉和形象；不但偿还了小刘的运费差价，还发给了小刘一笔奖金。

与此同时，上海的客户在听到这一消息时，也不仅为小刘的诚信服务所感动，更加信任民权葡萄酒厂，不仅与其建立了长久的联系，还为其介绍了很多客户。

而坚守诚信服务的小刘，更是一跃为公司的功臣，再加上他平时工作积极认真，公司也开始对其委以重任，直到如今，小刘已经成为人人羡慕的高级主管。而那些曾经和他一起送货却又放弃的人，仍然挣扎在原来的岗位上。

事实证明，我们在职场生活中一定要真诚地面对客户，诚实地服务于客户。无论是何种行业，我们都要尽自己最大的努力，坚守诚信服务。

“诚信服务”说起来非常简单，无非是要我们在面对客户时，热情、真实地服务。但事实上，为了能够做到诚信服务，我们不仅要详细而真实地为客户提供产品的资料，还要在出现问题的时候，及时给以解决。虽然在服务的过程中，我们可能会遭遇各种各样的困难，但这些困难正是对我们的考验，我们只有将“诚信服务”刻在自己的心里，融在自己的血液中，才能不顾一切艰难，将诚信实践，从而实现自己的价值，成就事业的辉煌。

4　行动上表现“诚信”

诚信自古就是中华民族的传统美德，是公民的第二个“身份证”。在职场生活中，诚信是一种最佳的职业生存方式。因为诚信，老板会信任你，将无比重要的事情托付与你；因为诚信，你会赢得同事、乃至竞争对手的尊重；因为诚信，你会创造出最佳的业绩，登上事业的高峰。

当然，诚信是需要具体的行动的，只有将诚信附于具体的行动中，它才具有了实际的意义。

美国总统亚伯拉罕·林肯出生于一个农民家庭，自幼过着清贫的生活。由于家中贫穷，几乎没有正式上过学，他只有一边工作一边学习，但是林肯始终把诚实守信作为自己的人生信条。

林肯长大之后，独自一个人出外谋生。他从事过很多职业，无论是给别人打短工，当水手，还是做商店的店员，他都十分认真地对待自己的工作，并一直奉行诚信的人生信条。在林肯当商店店员的时候，有一次，一个顾客来商店买东西，在付账的时候顾客多付了几美分，林肯发现之后，立刻追了出去。仅仅为了这几美分，林肯追了将近几十里的路程。

还有一次，一位客人来商店买茶叶，一位店员少给了客人半两茶叶。林肯知道后，拿起半两茶叶就去追客人，跑了几里地之后，终于将茶叶还给客人。

小小年纪的林肯为了几美分、半两茶叶追逐几十里的路程，不禁让我们感慨。诚信贵在行动，而不是我们整天挂在嘴边上的说辞，只有我们将诚信的理念付诸行动，才能赢得别人的尊重，才能成就自己的事业，为自己创造出更多的提升机会。

也许很多人会抱怨，我在公司中没有出众的业绩，也没有优于他人的技能，更是没有名牌大学的好背景，其实这些都无关紧要，只要你掌握了诚信，并能在工作中将其体现出来，就一定能够在公司中站得稳脚，就一定能够得到老板的重任。

小陈是一家报社中的低级职员，他每天的工作也就是分发报纸。一天风雪交加，小陈像往常一样去各地分发报纸，但是当他走到最后一家订报者的门口时，却意外地发现报纸丢了。无奈之下，小陈按照原来的路线返回寻找，但却没有任何发现。

最终，小陈敲开了订报者的门，诚恳地向其道歉，说明了缘由，并承诺第二天一定会将报纸补上。看到小陈真诚的态度，以及被冻得通红的脸，主人不但没有生气，反而原谅了这个诚实的年轻人。

按理说，主人已经原谅了小陈，那么小陈就完全没必要像老板坦白了。但是小陈并没有这么做，他觉得如果不告诉老板，就意味着自己有意隐瞒工作上的失误。因此，他诚实地向老板汇报了此事。

然而，老板并没有像他想象的那样大发雷霆，甚至处分小陈，反而笑着说："从今天开始，我将提高你的薪水，因为你讲究诚信，并敢于承担自己的责任，这正是我们最需要的员工。"

此后，小陈一如既往地工作，凭着自己对工作态度的诚恳和待人的真诚，最终成为老板最信任、最得力的助手。

一份报纸，虽然没有多少钱，订报者也未必会发现，即使发现了也没什么，未必会追究，小陈完全有理由不向老板坦白，然而小陈最终选择了诚信。对工作的诚信，更多地表现在对工作实事求是的态度上、对责任的主动承担、诚恳的工作上。诚信需要我们在工作中一点一滴的实践，在行动中体现诚信的魅力。

小陈自始至终都没有向顾客和老板标榜自己是多么多么讲诚信、守信用，但是他却用实际行动向我们做了最好的展示。但是，在实际的生活和工作中，却总有人处处以诚信自居，但却不付诸实际行动。

有一位大学毕业生去一家企业应聘，当面试官让他说出自己的人生信条时，他毫不犹豫地说："诚信是为人处世之本，只有以诚待人，才会赢得别人的帮助。离开这一点，一切变成了无根之木。"面试官很受感动，当即录用了他。

他的第一份工作是推销一种剃须刀，当他拿着剃须刀推销时，不小心将十几个剃须刀掉在了地上，有的掉了漆，有的甚至影响了功能。但是,他为了减少麻烦,增加业绩,经过一番考虑之后,他决定隐瞒这一事实。

但是,没过多久,客户们就找上门来,公司为此承担了不少费用。而他也最终因为诚信问题而回到了找工作的队伍。

诚信是我们每一个员工义不容辞的责任,因为公司给了我们发展的平台,老板给了我们发展的机会和空间。因而,我们必须时刻将"诚信"二字放在心头,从行动上表现"诚信"。

5 承诺上铸造"诚信"

什么是诚信?最简单的理解就是说到做到,答应别人的事就一定要办到。这个道理早在我国古代就被演绎得淋漓尽致,相信很多人都听说过这个故事:

相传曾子的妻子要去赶集,儿子哭着要跟着去,妻子便哄儿子说:"你在家里好好呆着,一会儿我回来杀猪给你吃。"儿子一听这话,便不再哭闹,留在家中玩耍。

等到中午妻子从集上回来的时候,曾子便拿起一把杀猪刀,在磨刀石上霍霍地磨起来,妻子见状,忙问:"你这是做什么?"曾子回答说:"杀猪啊,你不是说赶集回来就杀猪给儿子吃嘛。"妻子阻止道:"我只是哄哄孩子罢了,何必当真?"曾子回答:"对孩子不可说谎,孩子是学习父母言行的。今天你欺骗孩子,就是教孩子去欺骗别人,这样怎么能教育好孩子呢?"听完之后,妻子无言以对,曾子就找人把家里的猪给杀了,让儿子美餐一顿。

读完这个故事,相信很多人都会赞同曾子的教育方法。我国历来重视承诺,素有"一诺千金"、"一言既出,驷马难追"的说法。

承诺对于我们每一个人来说再熟悉不过,向朋友承诺,向爱人承诺,向公司承诺,我们时时刻刻都可以向不同的人做出各种承诺。一句承诺其实不算什么，重要的是我们能够实现承诺。即使有千千万万个承诺，如果我们不能将其实现，那也只能是一句空话。承诺得再好，若是没有诚信，不去实践，也会成为空头支票。正如一栋豪华的房子，如果没有支柱的支撑，最终也会塌方。因此，我们不仅要承诺，还要讲诚信，真正做到“一诺千金”，在承诺上铸造“诚信”。

同样，对于职场人士来说，承诺是职场人的一种品牌效应。我们每天也在承诺：“准时上班”、“好好工作”等，我们只有让承诺建立在诚信的基础上，才能让自己成为一个优秀的员工。通俗来讲，重承诺、坚守承诺，才会建立起个人的信誉，才能赢得老板的青睐、同事的尊重，甚至赢得业绩。

恪守承诺是一种重要的品绩力，而这种品绩力正是吸引领导的一种力量。在工作中，只要我们能够坚守自己的承诺，不无故拖延工作中遇到的问题，不剽窃、抄袭他人的工作成果，不弄虚作假，就一定能够得到老板的青睐。

小方和王丽毕业后，一同进入某家房地产公司销售部工作。由于两个人同时进入这家公司，再加上年龄相仿，很快成为好朋友。之后在工作中，两个人相互勉励，相互合作，一同为公司提出了不少新颖、独特的方案，深受领导的重视。

有一次，策划部需要一份市场调查报告，需要大家各交一份。两个人信誓旦旦向经理承诺一定做好。之后的几天，小方不辞辛苦，经过一周的市场调查，终于做出了一份满意的策划案。就在她将调查报告交给经理的第二天，经理找到小方说：“我本来很看重你的才华和人品，本有提拔你的意向，谁料想你却抄袭其他同事的创意。”

原来，王丽这几天因为自己的私事，影响了市场调查的进度，但又因在领导面前许下承诺，无奈之下，就拷贝了小方的创意，并在她之前将报告交给了经理。

就在此时，经理让王丽去参加高层会议，并向董事会解释里面数字的来源。面对诸多的问题和疑难，王丽无言以对，没有原始数据作答。于是不得不向领导承认自己的错误。

王丽原本也是一个非常优秀的人才，就因为一念之差，为了实现自己的诺言，不惜抄袭他人的创意，这不但不是重承诺的表现，反而糟蹋了诚信，使得自己的信誉和形象一落千丈，严重的甚至会影响到她的发展前途。

在当前市场经济条件下，许多人被眼前的利益所迷惑，将诚信忘得一干二净。纵然如此，诚信依然是衡量人品的最重要的标准之一。尤其是在职场中，坚守诚信、恪守诺言的员工最能获得老板的青睐和重用。

小李是某知名皮鞋厂的一名普通的员工，一次偶然的机会发现皮鞋中有一部分商标贴得不符合规范。发现之后，小李立刻向质检人员反映，但是他们觉得商标只是一件无关紧要的事情，并不能影响产品的质量，更不会影响到公司的信誉和形象，于是就没有理会。

无奈之下，小李只好将情况反映给总经理，总经理得知之后，立即赶到生产第一线，看到商标不规范的鞋子，总经理毫不犹豫地将其毁掉，命令重新生产。对此，不少人感到惋惜，总经理解释道："毁掉几百双不合格的鞋子，损失的不过是几个钱，一旦这些鞋子投放到市场上，我们损失的就绝对不止是这几百双鞋子，到时候，我们不仅会损失掉钱，更可怕的是还有我们公司的信誉和形象。因此，我在这里对小李表示感谢，因为他记住了对公司的承诺，记住了我们公司的规范，并将这一些都很好地实现了。"

相信这家皮鞋厂的很多员工可能都对老板承诺过"一定好好工作，把好质量关"，然而当面对商标不标准这一问题的时候，很多人却不以为然，最终输掉了诚信。对于职场人士来说，诚信是员工的最佳名片，只有坚守诚信，时刻履行自己的承诺，在承诺上铸造"诚信"，就一定能够走向优秀。

6　作风上体现“诚信”

自古至今，诚信一直是人们所追求的传统美德，它是公民的最佳“名片”，是公民的第二个“身份证”。孔子曰“人而无信，不知其可也”，认为诚信是立人之本，人若无诚信，必将一事无成，甚至将无法在社会上立足；唐代魏征认为，诚信是齐家之道，是达到家和万事兴的根本；此外，诚信还是人们在交往过程中必然遵循的法则，只有做到“与朋友交，言而有信”才能达到“朋友信之”、推心置腹的目的。

对于职场的人来说，诚信是一种职业生存方式。拥有诚信，才能赢得老板的青睐，拥有诚信才能团结同事，共同进步；拥有诚信，才能增强自己的实力，创造出傲人的业绩；拥有诚信，才能在职场中打造出一片阳光地带，使自己的人生充满辉煌。

公司员工的诚信主要集中体现在自己的作风上。一个讲究诚信的好员工，不仅要遵纪守法、自觉执行企业的各项规章制度、恪尽职责、兢兢业业，还要自觉抵制一些不良作风。

付林原本是一家金属冶炼厂的技术骨干，然而由于工厂准备改变发展方向，付林觉得工厂的方向和自己的技术不再合适，于是他准备换一份工作。

付林工作能力很强，而且技术精湛，在同行业中有着极大的影响力。一直以来，很多公司都想把付林挖走，但都没有成功。而这一次却是付林主动离开原来的公司，很多公司都觉得这是一个前所未有的大好时机。

很多公司都向付林提出了邀请，他们开出了不可思议的条件。然而付林却婉然拒绝了，因为他觉得如此好的待遇下一定隐藏着某种不可见人的秘密。他也不想因为优厚的待遇就放弃自己的做人原则，更不可能为此去违纪。

最终，付林来到全国最大的金属冶炼分公司，面试进行得非常顺利，就在最后，负责面试的副总经理对他说："我们很高兴你能够加入我们公司，你的资历和能力都非常出色。对了，听说你原来的厂家正在研究一种提炼金属的新技术，而你也正好参加了这项技术的研发。我们公司现在也正在研究这个新技术，我们希望你能把你原来厂家研究的进展情况和取得的成果告诉我们。这样一来，将会大大提高我们研究的进程，而你也将成为我们公司的功臣。"

听完副总经理的问话，付林毫不犹豫地拒绝道："恐怕我要令你失望了，尽管我已经离开了我原来的公司，但我仍然不能背叛公司，因为诚信是我这一生都不能丢弃的责任。"说完之后，付林就准备离开了。

就当他走到门口的时候，那位副总经理叫住了他，他热情地向付林伸出了双手，解释道："付林先生，你被录取了，并且是我的助手，这不仅仅是因为你出色的能力，更重要的是我在你身上看到了一种讲究诚信的优良作风。你能够为原来的公司保守机密，就一定能够为我们保守机密，如果我放弃这样一位好员工，岂不是公司的一大损失吗？"

付林虽然已经离开公司了，可是他仍然能够遵守公司的规章制度，时刻保守公司的秘密，这是一种最难能可贵的精神，是诚信的精华所在。正是因为如此，付林得到全国最大金属冶炼分公司副总经理的助手，成就了自己职场的辉煌。

有人说谁能整天碰到这么大的事情啊，如果是我我也一样能保守公司的秘密。的确，我们的日常工作中没有那么多大事情让我们可以把诚信表现得轰轰烈烈。但是诚信的作风就在我们每天的工作中一样也可以被发挥得淋漓尽致。比如，公司的各项规章制度你是不是认真遵守，老板交代的任务你是不是全力以赴地去执行，如果连这些都做不到，那么又何来轰轰烈烈的诚信呢？

但是，看看职场中的我们吧：每天不是迟到就是早退，甚至请人代替打卡；面对老板布置下来的任务，我们总是挑三拣四，遇到困难的任务，就知难而退，完不成还总要找一大堆的借口来洗刷自己的“清白”；在工作中，不但不能保证效率，就连起码的质量都无法保证，大多数人抱着马马虎虎的心态，将工作“大概”完成就了事；遇到升职时，竞争手段更是五花八门，对上不惜以“拍马屁”的方式赢得领好感，对下却“拉帮结派”为自己找寻群众基础。

大量的事实证明，职场员工的不正之风越刮越烈，越来越多的人早已忘记了职场生存准则。虽然这些人看似占了很大的便宜，但是从长远来看，这部分人势必会走向失败。因为职场的真正赢家，一定是那些讲究诚信、恪尽职守、遵守公司的规章制度、兢兢业业、依靠自己的诚信、一步一步取得业绩的人！

7　生活中履行“诚信”

生活如酒，或芬芳、或浓烈，因为诚信，它变得醇厚甘甜；生活如歌，或高亢、或低沉，因为诚信，它变得悦耳动听；生活如画，或明亮、或暗淡，因为诚信，它散发出美丽的光彩。生活如同一本厚厚的书，而书中的每一个字都需要我们用诚信来认真地书写。

自古以来，诚信就是我们中华民族的传统美德，是每一个人安身立命的根本，是为人处事的基本原则。中国古代的先哲就一再强调诚信的重要性，在他们看来，“诚”是做人之本，只有真诚的人才是品德高尚的人；而“信”则是言而有信，是处理个人与他人之间、个人与社会之间关系的道德规范，只有做到“言而有信”，才能获得别人的信任，赢得尊重。在现实生活中更是如此，诚信二字已经渗透在生活的每一个角落，是我们每一个人必须遵守的生活规范。

在现代职场，我们每一个人都有着双重身份，我们既是一个自然人，还是一名公司的员工。然而很多人错误地认为，我上班时是员工，下班之后就不是，因此，我的下班时间就不必为公司负责。其实则不然，无论何时何地我们都摆脱不了这两种身份，下班之后，我们仍然是公司的形象代表，我们的一言一行仍然代表着公司的信誉和形象。

周末，王平到小区附近的一个自行车修理铺取车，在等待师傅修车的时候，王平无意中发现身旁有一辆旧自行车，而且车圈也已弯曲得不能再骑了。于是，王平便没话找话地跟师傅聊天："这车也是送来修的吗？"修车师傅平和地说道："这车是一个青年人卖给我的，他刚刚走，我给了他 40 块钱，他说回家给我取发票，马上就该过来了。"王平一听，忽然意识到，修车师傅可能遇到骗子了，急切地问道："如果他不来了呢？"师傅接着答道："不会的，他说他在一个大公司工作，而且这家公司的信誉也非常好，他说如果找不到发票，就回来把钱退给我。""你就那么相信他？万一他不来了呢？这和他的工作有什么关系？再说了，现在是周末，他的作为和公司没有什么联系啊。"老师傅没有说话，只是淡淡地笑了笑，埋头继续修车。车子的毛病不大，半个多小时就好了，正当王平要离开的时候，远远地跑来一个青年人，他脚步匆忙，满脸急切。只见他跑到老师傅面前，诚恳地说："师傅，对不起，购自行车的发票实在找不着了，给您退钱来了！"说着，将兜里的钱给了老师傅。

小伙子离开之后，王平还站在老师傅的修理铺前，不禁为小伙子的诚信而感动。这时老师傅走出来对他说："我之所以会相信他，就是因为那家公司的信用度非常好，能进这样公司的人，我想人品应该也是百里挑一的。"

老师傅的话如醍醐灌顶，让王平的心里猛地一颤：谁说一名员工在休息的时间就与公司无关了呢？王平不禁脸上有点发热，因为他想起了自己：在公司，他能够时刻用规范要求自己，处处讲诚信，事事守信用。然而一旦下班之后，他却认为脱离了公司，可以为所欲为。面对青年的诚信，王平终于明白了:当我们跨进公司的那一刻,我们的一言一行,无论是在工作中,还是在生活中,都代表着公司的形象。这位年轻人不正是用自己生活中的行动践行了诚信的含义吗?他不仅为自己树立了高大的形象,还帮公司赢得了信誉。

诚信不仅是社会所要求个人必须具备的道德,更是一个人的美德。只有将诚信彻底地融入到自己的生活中,才能显示出自己的气度,才能获得公司的欢迎,赢得世人的尊重,甚至是赢得巨大的财富。

有一位年轻人,他父亲经营着一家公司,而这位年轻人不愿意依靠自己父亲获得工作,就到另外一家公司工作。一场经济风暴之后,父亲的公司倒闭破产,而且还欠下巨额欠款。在遭受到连连打击之后,父亲犯病而去。面对着破产的公司和巨额的欠款,年轻人并没有向其他人一样找借口逃避,而是一家一家地拜访债主,希望他们可以宽限还期,并保证自己一定将所有的债务都还上。债主都非常感动,纷纷表示可以延期归还。

这个年轻人经过十年的努力,终于还清了所有的债务和利息。这件事情之后,很多和他父亲有生意往来的人都纷纷和他合作,最终,这位青年在事业上取得了巨大的成功。

这位年轻人正是用自己的诚信,征服了父亲那些合作者的心,用其为自己赢得了一份自尊、一份财富。也许我们的生活里不全是这些惊天动地的大事,但正所谓“一滴水可以折射出太阳”,即使是鸡毛蒜皮的小事一样可以放射出诚信的光芒。因为诚信就潜伏在我们生活的每一个角落里,只要我们每一个人都将其作为生活的信条,才能拥有理解、笑容,才能获得属于自己的一片阳光地带。

附录　测测你的诚信度

1. 当你的朋友做出你极不赞成的事时(　　)

A. 你会跟他断绝来往

B. 你会告诫自己此事与你无关,同他的关系依然如故

C. 你会把你的感受告诉他,但仍然保持友谊

2. 你很难宽恕严重伤害过你的人吗?(　　)

A. 很难原谅他

B. 可以原谅他

C. 可以宽恕他,但不会忘记这件事

3. 你认为:(　　)

A. 为了维护道德准则而指责别人是完全有必要的

B. 在一定程度上指责别人是完全有必要的,如从爱护的角度出发

C. 不应该指责别人

4. 你的多数朋友在性格上 (　　)

A. 都和你很相像

B. 与你不同,而且他们之间也不同

C. 与你大体上相同

5. 当周围同学的喧闹使你不能集中精力学习时,你会(　　)

A. 对他们发脾气

B. 另外找一个清净的地方

C. 感到心烦,在心里抱怨

6. 若出去旅游时发现那里的卫生条件很差(　　)

A. 你很快就能适应

B. 你对自己所处的环境不太在乎

C. 你对这个地方的卫生很不满

7. 你认为下列哪种品质最重要？(　　)

A. 顺从

B. 仁慈

C. 诚信

8. 你与别人(批评性的)议论你的朋友吗？(　　)

A. 经常

B. 很少

C. 有时

9. 如果你所讨厌的人交了好运，你会(　　)

A. 觉得烦恼或嫉妒

B. 认为此事对他确实是件好事

C. 不太在乎，但觉得这样的好事要是让你交上该多好

10. 你属于下列哪种情况？(　　)

A. 尽量使别人按照你的信条看待或对待事物

B. 别人不主动问你，你便不会主动说出自己的观点

C. 对不同的事物提出自己的观点或意见，但不会为此与人争论或尽力说服他人

11. 你某个朋友的生活看上去很不错。可他总是对你抱怨他不走运，你会(　　)

A. 劝他要振作起来

B. 对他的诉说表示同情

C. 陪他出去散散心

12. 当你碰到有人不赞成你的观点时，你会(　　)

A. 同对方激烈争论或大发脾气

B. 避免同对方争论

C. 与他争论但能保持冷静

13. 你阅读那些与你的观点不相同的刊物吗？（　　）

A. 从来不看

B. 看，而且还特别感兴趣

C. 如果碰到的话，也会看看

14. 你同意下列哪种说法？（　　）

A. 人必须有章可循，因为人需要控制

B. 制定一些准则，对社会中人们的行为加以控制是必要的，但越少越好

C. 对人加以限制是暴虐，而且是残酷的

15. 你对宗教的看法（　　）

A. 你认为信仰是危险的有害的

B. 你认为各种信仰都是有一定道理的

C. 你认为信教仅对某些人是有好处的

16，你对有些上岁数的人大惊小怪或瞎操心的反应是（　　）

A. 感到心烦

B. 耐心倾听

C. 有时是 A，有时是 B

17. 你认为你的所作所为正确吗？（　　）

A. 经常

B. 很少

18. 如果你暂住在与你的家庭生活习惯完全不同的家庭里，你会（　　）

A. 因为觉得不适应而感到恼火

B. 很愉快地适应这一切

C. 觉得自己在短时间内还可以忍受，但时间一长就难以维持

19. 别人的生活习惯会使你厌烦吗？（　　）

A. 经常

B. 一点也不

C. 有时

20. 当比你小的人对你产生怀疑，同你争论时，你会(　　)

A. 感到生气

B. 认为这是一件好事

C. 感觉很不自在

评分规则:

第1、2、4、5、7、8、9、10、11、12、13、16、18、19、20题，选A的得2，选B得0，选C得1。

第3、14、15，题选A的得2，选B得0，选C得2。

第6题，选A的得0，选B得0，选C得2。

第17题，选A的得2，选B得0。

做完测试，我们一同来看看结果：

10分以下，你是一位诚信度很高的人，无论在工作中，还是生活中都是一个值得朋友信赖的人。

11—20分：你的诚信度还算可以，显得比较有涵养，在许多方面能容得下别人的意见。

21—30分：你的诚信度不算高，无论是在工作中，还是生活中，别人都不会太信赖你。

31—40分：你相当缺乏诚信。

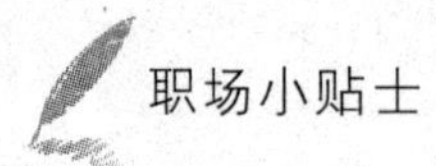

职场小贴士

四种方法摆脱职场困境

1. 冒险,聪明一点

勇敢承担风险才能成就大事业！如果你的部门上司不幸被裁员,你想挑战一下接替他的职位,又怕升职不成反丢工作。该怎么办?

你该这样做

问问自己"有什么方法能把争取的成功几率放到最大?"在纸上分别列出成和败的因素、最好和最差的后果,还有遇到每种情况你会用什么方法应对。让整个情况完完整整摆在眼前沙盘推演,这时"冒险"就变成了"计划",没什么好怕了。要记住,你的决定永远都不是一个错误,不管结果如何,那就是你当时的想法。勇于吸取教训、积累经验,才是你该珍视的宝贵财富。

2. 表达,直接一点

怕有不同声音而不敢把想法说出口,想用婉转的方式得到大家支持,反而让人摸不着头脑?这都是缺乏自信的表现。其实表达越简单明确,别人越会认真对待。

你该这样做

增强自信最简单的方法,是从简化习惯用语开始。把"我在想,我们是不是应该考虑?"改成"让我们试试这样做吧!"避免说贬低自己的话,如"这个想法也许很幼稚。"或把不必要的"我认为"通通删掉,不兜圈子,尽可能直截了当的表达意见。另外要相信自己说出的每句话都有价值,更不要过度为自己辩解,那只会画蛇添足。

3. 解决矛盾,专业一点

办公室里是非多:昨天大家一起吃饭没叫你,今天他在会议上反驳你,故意让你出丑,让你觉得自己是被大家排挤又不受尊重的可怜虫,其实事情并非你想象的那么复杂。

你该这样做

在办公室遇到不愉快，要把人和事分开看。首先，这样做能让你更专业，避免因某些根本不存在的原因大动干戈。另外，也能让你更清楚到底问题出在哪里：是人还是事情本身？如果的确是他对你本人有意见，又一时解决不了，可以试着对他的挑衅不做回应，反而能控制这场“战争”，不让它成为你职场上的绊脚石。

4. 赞美多一点，批评少一点

想在办公室和大家打成一片？不吝惜赞美别人一定没错！不想留下积怨？指责别人前三思而行。

你该这样做

每天上班，试试这几句话吧！“你看起来气色不错，这个颜色很适合你。”“你太棒了，干得好！”但注意，赞美要发自内心，否则让人反感。如果你为同事的过错恼火，想当面修理他，先想想，如果有其他同事在旁边你还会这么做吗？如果不会，即说明你的批评并不客观，只是为了给他难堪。既然最终目的是让他认识到错误，就应尽量减少针对本人的指责，换以鼓励的话。易地而处，你也更愿意接受这种方式，不是吗？